Volker Kranz
Frederik Deemter

Praxisbuch Waldgarten

Haupt
NATUR

Volker Kranz
Frederik Deemter

PRAXISBUCH WALDGARTEN

Natürlicher Anbau mit Permakultur

2. Auflage

Haupt Verlag

2. Auflage: 2024
1. Auflage: 2021

ISBN 978-3-258-08389-6

Gestaltung und Satz: Tatjana Rudat ARTWORK D-Freiburg

Umschlagabbildungen
Vorne Oben: Kornelkirsche *(Cornus mas)* (V. Kranz) / Mitte: Waldgarten auf La Gomera (V. Kranz) / unten (von links nach rechts): Blauschote *(Decaisnea fargesii)* (F. Deemter); Judasohr *(Auricularia auricula-judae)* (F. Deemter)
Hinten Oben (von links nach rechts): Japanischer Hartriegel *(Cornus kousa)* (F. Deemter); Kultur-Heidelbeere *(Vaccinium corymbosum)* (Lea Kranz); Gewürzstrauch *(Calycanthus floridus)* (F. Deemter) / Mitte: Walnusswald *(Juglans regia)* (V. Kranz) / unten: Eichhörnchen (Norbert Kranz)

Wir verwenden FSC®-zertifiziertes Papier. FSC® sichert die Nutzung der Wälder gemäß sozialen, ökonomischen und ökologischen Kriterien.
Gedruckt in Slowenien

FSC
www.fsc.org
MIX
Papier | Fördert gute Waldnutzung
FSC® C106600

Diese Publikation ist in der Deutschen Nationalbibliografie verzeichnet.
Mehr Informationen dazu finden Sie unter http://dnb.dnb.de.

Der Haupt Verlag wird vom Bundesamt für Kultur für die Jahre 2021–2024 unterstützt.

© Shutterstock, Huza Studio

Inhalt

Die Pflanzen

Aspekte rund um das System

Anhang

1

Über Waldgärten

Volker Kranz

Idee, Geschichte und Funktionsweise

Vielfalt aus dem Waldgarten

Seit Jahren beobachten wir in Europa ein ausgeprägtes Interesse sowohl an der Vielfalt in der Natur als auch der Frage nach einer gesunden Ernährung. Wie sehr diese beiden Themen miteinander verknüpft sind, wird uns Menschen mehr und mehr bewusst. Angesichts der bedrohten Natur und hochaktueller Entwicklungen wie dem Insektensterben verspüren viele den Wunsch, dem etwas entgegenzusetzen und die Vielfalt in der Natur zu erhalten. Die Art und Weise, wie wir Landwirtschaft betreiben wollen, rückt dabei zunehmend in den Fokus. Auch bei unserer Ernährung wünschen wir uns eine große Vielfalt, wir werden experimentierfreudiger, und regelmäßig finden neue Lebensmittel den Weg in die Regale. Diese Nahrungsvielfalt importieren wir aber ganz wesentlich aus anderen Ländern. Dabei lassen sich Vielfalt in der Natur und eine vielfältige, gesunde Ernährung wunderbar zusammenführen.

In Asien ist beispielsweise ein breites Angebot an Gemüse und Früchten normal, während in Europa auf meist großen Flächen immer dieselben Nahrungsmittel angebaut werden. In Japan kann man auf einem normalen Wochenmarkt rund 130 Obst- und Gemüsesorten aus heimischem Anbau kaufen. Diese Zahl liegt bei uns eher bei 30 Arten, wenn wir die Importe aus anderen Ländern einmal weglassen. Der Grund hierfür ist nicht, dass das Klima in Japan so viel besser ist. Japaner:innen nutzen einfach ein breiteres Spektrum von Lebensmitteln, und eine vielfältige Ernährung gehört zum normalen Leben dazu.

Auf die Frage, wie auch wir diese Vielfalt wieder in die Landschaft – und letztlich auf unsere Teller – bringen können, finden wir in dem Konzept Waldgarten viele überzeugende Antworten.

Verkostung von Taglilienblüten in einer Staudengärtnerei bei Bremen. Taglilienblüten sind köstliche Salatbeilagen.

Wenn wir uns sehr divers ernähren, erzeugt dies auch eine vielgestaltige Landwirtschaft mit einer breiten Palette an Produkten. Das Erscheinungsbild unserer Landschaft entsteht also nicht zufällig. Wie die Landschaft aussieht, hängt davon ab, wie und was wir essen, also welche Form der Landwirtschaft die Landschaft prägt.

Martin Crawford, ein Pionier der Waldgärten in den gemäßigten Breiten, erklärte einmal: «Was wir in Sachen Lebensmittelproduktion für normal halten, ist eigentlich überhaupt nicht normal. Einjährige Pflanzen sind sehr selten in der Natur, doch die meisten unserer landwirtschaftlichen Felder sind mit einjährigen Pflanzen besetzt. Das ist nicht normal. Was hingegen normal ist, ist ein eher bewaldetes oder halbbewaldetes System.»

Kleinbäuerliche Landwirtschaft in Marokko mit Gemüsebau, Getreide und Obstbäumen

Der Weg der einjährigen Kulturen

Wie aber kam es zu dem System der einjährigen Kulturen? Und wie kommen hierbei die Bäume ins Spiel? Hierzu gibt es sicherlich mehrere Begründungen, ein Teil der Geschichte ist eng mit der Frage der Bodenbearbeitung verknüpft.

Als 3500 v. Chr. die Pflugschar entwickelt wurde – ein scharfer Keil an einem langen Stiel –, mit der man den Boden anritzen konnte, begann eine neue Ära in der Landwirtschaft. Durch das Pflügen war der Anbau einjähriger Kulturen nicht mehr so aufwendig wie in den 4000 Jahren davor, als noch mit dem Grabstock die einzelnen Samen auf dem Feld ausgebracht wurden. Dies war, nebenbei bemerkt, das erste Direktsaatverfahren der Welt, welches heute mit moderner Technologie wieder neu entdeckt wird – nicht pflügen, sondern den Boden schonen und nur die Samen einsetzen.

Kleine Getreidefelder in Marokko mit großen Feigenbäumen – hier ist auch heute noch kein Platz für einen großen Traktor mit Wendepflug.

Vor etwa 1000 Jahren ging es dann richtig los, der Wendepflug wurde erfunden und so waren schon recht anspruchsvolle Bodenbearbeitungen möglich. Dieser Siegeszug hat (fast) bis heute angehalten – und einen erheblichen Beitrag zur Lebensmittelerzeugung geleistet. In der Mitte des 19. Jahrhunderts kam es zu weiteren Innovationen, mit denen auch bislang schwer zu bearbeitende Böden, wie die großen Steppen und Prärien, bearbeitet werden konnten.

Bis dahin, und dies ist eine entscheidende Veränderung, wurden oftmals Wälder und Gebüsche gerodet, um auf diesen Flächen Ackerbau zu betreiben. Diese Böden waren so fruchtbar, weil sich durch den Bewuchs mit Gehölzen viel Humus und eine gute

Bodenstruktur gebildet hatte. Hier haben die ersten Landwirte also von einem humosen Boden profitiert, den sie auch nicht mit dem Pflug wendeten, sondern lediglich anritzten.

Diese Geschichte lief ganz gut, bis in den 1930er-Jahren nach mehreren trockenen Jahren den amerikanischen Bauern des Mittleren Westens buchstäblich der Ackerboden davonwehte und unzählige Landwirte mit dem Ruin bezahlen mussten. Seitdem regen sich immer mehr Stimmen, die das Pflügen der Böden kritisch sehen. Schon Forschungen aus den 1960er-Jahren zeigten, dass der Bodenverlust auf vielen Böden höher war als die Neubildung von Humusschichten. Damit wurde deutlich: Wir betreiben in vielen Fällen eine Landwirtschaft, die von dem Humuskredit, den die Natur (und insbesondere die Wälder) bereitgestellt hatten, lebt. Heute gibt es aber auch moderne landwirtschaftliche Verfahren, die den Boden schonen und sogar Humus wiederaufbauen. Eine wesentliche Rolle können dabei Bäume und Sträucher spielen, die auch ursprünglich den humosen Boden gebildet hatten.

Der rote, steinige Boden stammt von einem Feld auf Ibiza, der Humusboden von einem Waldstreifen in 5 m Entfernung.

Erst wenn wir wieder Bäume und Sträucher in die Landwirtschaft holen, die nicht nur den Boden für einjährige Kulturen bereiten, sondern selbst die Kultur sind, ergibt sich ein stimmiges Bild einer modernen, umweltschonenden Lebensmittelerzeugung. Diese ist wesentlich klimaresistenter, bodenaufbauender, vielfältiger und ökologischer als eine reine Kultur mit einjährigen Getreidearten. Wesentlich dabei ist, dass wir die gedankliche Trennung – hier Ackerbau, da Obstplantage – aus unseren Köpfen beseitigen. Den Mehrwert für Boden und Natur gewinnen wir erst, wenn wir beide Kulturen zu einem lebendigen System vereinen.

Waldlandschaften für die Ernährung

Dass der Wald in erster Linie der Produktion von Holz dienen soll, ist eine historisch noch recht junge Sichtweise. Wälder waren bis in das 19. Jahrhundert gehölzbestandene Gebiete mit breiter Nutzung. Neben der Nutzung des Holzes wurde in Hutewäldern ganz selbstverständlich auch das Vieh geweidet. In Europa entwickelte sich auf großen Flächen der Waldfeldbau. Hierbei wurden auf Waldlichtungen, z. B. nach einer Holzentnahme, für ein paar Jahre Kartoffeln, Getreide oder auch Beeren angebaut. Waren die positiven Bedingungen der Humusnutzung, welcher durch den Wald bereitgestellt wurde, aufgebraucht, säte man Gehölzsamen aus und ließ wieder Wald entstehen. Durch diese Mosaike aus Wald, Beeren und Feldfrüchten entstand eine sehr artenreiche Pflanzengesellschaft mit vielfältigen Waldsäumen.

Aus einer schwäbischen Chronik von 1855 über den «Obstbau im Walde»

«Es gab eine Zeit, wo der Wald eine große Menge von Stoffen zur unmittelbaren menschlichen Nahrung abgab (...) Seit nun aber ein intensiverer Betrieb der Land- und Forstwirthschaft die Jagd auf ein Minimum reduzirt hat, seit die Bienenzucht, die nur in lichtbestockten Waldungen gut gedeiht, durch die bessere Bewirthschaftung der Forste ebenfalls beinahe ganz verdrängt wurde, und seit der Kartoffelbau, wenigstens eine Zeit lang, die Schweinemast ausschließlich in die Hand des Landwirths gegeben hat, seitdem ist das Sprichwort, «wohlfeil Brod muß aus den Bäumen wachsen,» in seiner alten Bedeutung nicht mehr zu erkennen (...) Die Forstwissenschaft und Forstwirthschaft haben durch das einseitige Streben nach dem größten Holzertrag eine Richtung genommen, die allmählig jede andere Benützung des Waldes und Waldbodens, auch wenn sie noch so unschädlich geschehen konnte, zu beseitigen strebte. Es ist diese Einseitigkeit der Forstwirthschaft in vielen Gegenden und Ländern bereits verlassen; und es ist Zeit, daß auch bei uns in dieser Richtung etwas mehr als bisher geschieht. In Norddeutschland, in der Gegend von Magdeburg hat man z. B. schon vor längerer Zeit angefangen im Walde Obstbäume anzuziehen und die Waldbesitzer befinden sich dabei ganz gut. Es wird ein Beispiel angeführt, daß ein einziger Distrikt von 60 Morgen jährlich im Durchschnitt 5–600 Thaler für Obst ertrage.»

Im Laufe der Zeit hat sich die klare Trennung in Holzproduktion auf der einen und Nahrungsmittelproduktion auf der anderen Seite durchgesetzt. Eine Durchmischung dieser Systeme, wie sie auch in der deutschen Forstgeschichte durch den berühmten Forstwissenschaftler Heinrich Cotta (1763–1844) vertreten wurde, gewinnt heute aber wieder an Bedeutung.

Die Nutzung von Bäumen und Sträuchern zur Lebensmittelproduktion in waldähnlichen Systemen gibt es auch heute noch häufig im Globalen Süden.

In den Industriestaaten Europas und Nordamerikas hat sich diese Idee aus unterschiedlichen Gründen bisher nicht durchgesetzt. Dies ist eigentlich erstaunlich, finden sich in unseren Breiten doch die großen, zusammenhängenden Wälder.

Um das Konzept des Waldgartens und der immensen Möglichkeiten, die dies für unsere Landwirtschaft, unsere Ernährung und für die ökologischen Systeme bietet, zu verstehen, werfen wir einen Blick auf drei Konzepte, die mit Gehölzen als wichtigem Gestaltungsprinzip in der Landwirtschaft arbeiten.

Waldgarten, Agroforst oder Food Forest?

Der Food Forest

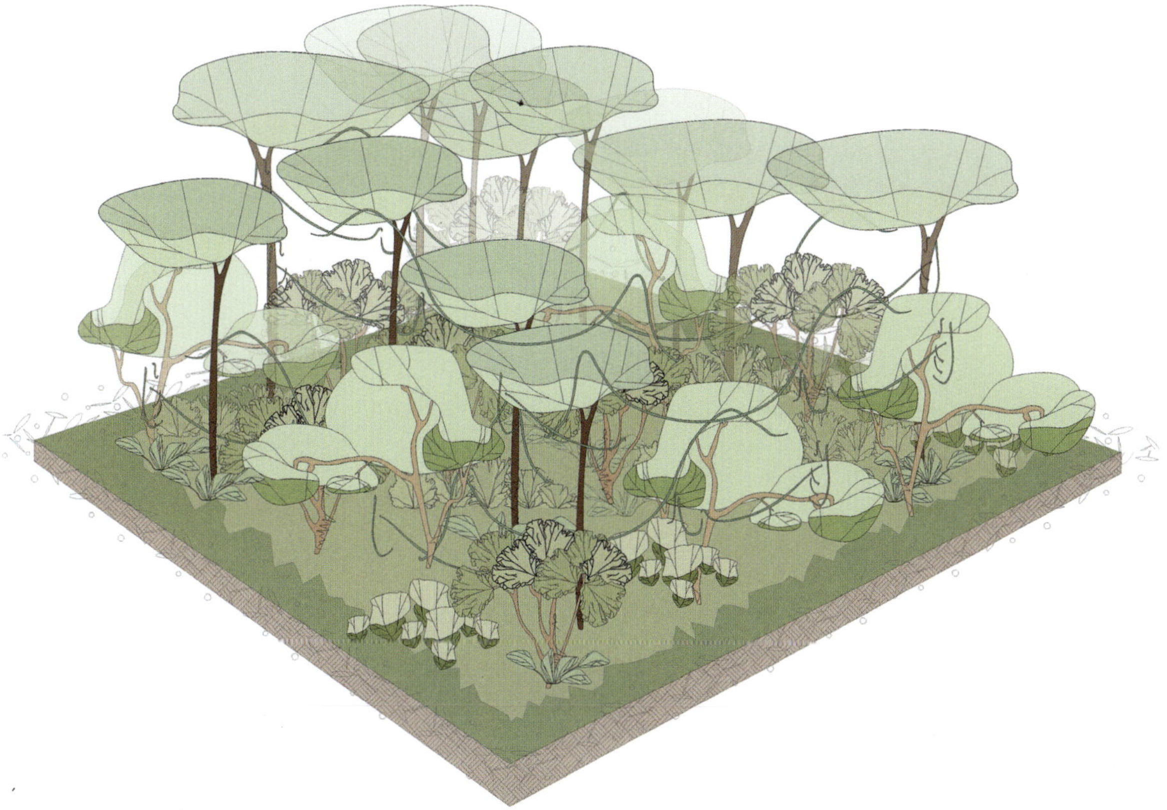

Schema eines tropischen Food Forest

Es gibt Orte auf dieser Welt, wo schon seit Generationen Gehölze eine sehr viel wesentlichere Rolle in der Lebensmittelversorgung spielen. In Südamerika, Afrika und Asien haben es die Bewohner schon vor langer Zeit erkannt: Wenn wir die Natur gut genug beobachten und uns an ihren Funktionsprinzipien orientieren, können wir stabile, dauerhafte Systeme entwickeln, die uns mit vielen Dingen des täglichen Bedarfes versorgen. So entstanden schon vor Jahrhunderten erste waldähnliche Systeme zur Nahrungserzeugung. In Marokko gibt es nahe Agadir einen Food Forest, dessen Alter man auf 2000 Jahre schätzt. Diese Gärten beherbergen einen landwirtschaftlichen Anbau, der sich an den natürlichen Strukturen der Wälder orientiert. Wer heute in das Mekongdelta in Vietnam, nach Kerala in Indien oder in den Norden Thailands fährt, erlebt eine Landwirtschaft, die ganz wesentlich aus mehrjährigen Pflanzen, wie Stauden, Sträuchern, Kletterpflanzen und Bäumen, besteht. Schon der Blick in die Landschaft sagt einem: «Alles richtig gemacht.» Ja, so kann Landwirtschaft auch aussehen.

Food Forest im Mekongdelta von Vietnam

Ein sogenannter Food Forest orientiert sich an dem Aufbau und den Funktionsmechanismen natürlicher Wälder der Tropen und Subtropen. Wir können uns das Bild des Regenwaldes hier zum Vorbild nehmen: ein vielschichtiges System, welches ein Pflanzenwachstum auf bis zu sieben Etagen ermöglicht. Es beginnt mit dem oberen Blätterdach, welches sich in bis zu 60 m Höhe wie ein Schirm über dem Wald ausspannt. Darunter befinden sich große und kleinere Gehölze in mehreren Etagen, durchrankt von Kletterpflanzen, und eine Bodenschicht aus Stauden, Gräsern und Pilzen. Die intensive Sonneneinstrahlung ermöglicht also ein dreidimensionales System, welches die Landfläche ausgesprochen intensiv zu nutzen vermag. Bei einem Food Forest in den Tropen wird dieses natürliche Waldsystem nachgebaut, indem die ursprünglichen Pflanzen des Waldes entnommen und durch Nutzpflanzen, die denselben Raum im Waldsystem einnehmen, ausgetauscht werden.

Umbau eines Waldes zu einem Waldgarten in Nordthailand

Diese traditionellen Anlagen, in denen die Menschen die Muster und Funktionen des Waldes nachahmen, sind ausgesprochen ertragreiche, beständige und ökologisch wertvolle Systeme. Die Arbeit der Landwirte besteht ganz wesentlich aus der Ernte und kleinen Eingriffen zur Reduzierung oder Neupflanzung von Gehölzen. Der Food Forest ist auch Namens- und Ideengeber für den «Waldgarten» in den gemäßigten Breiten. Bevor wir die Idee des Waldgartens in Europa vorstellen, schwenken wir noch einmal den Blick auf Gehölzsysteme, welche bei uns schon lange die Landwirtschaft begleiten.

Agroforst

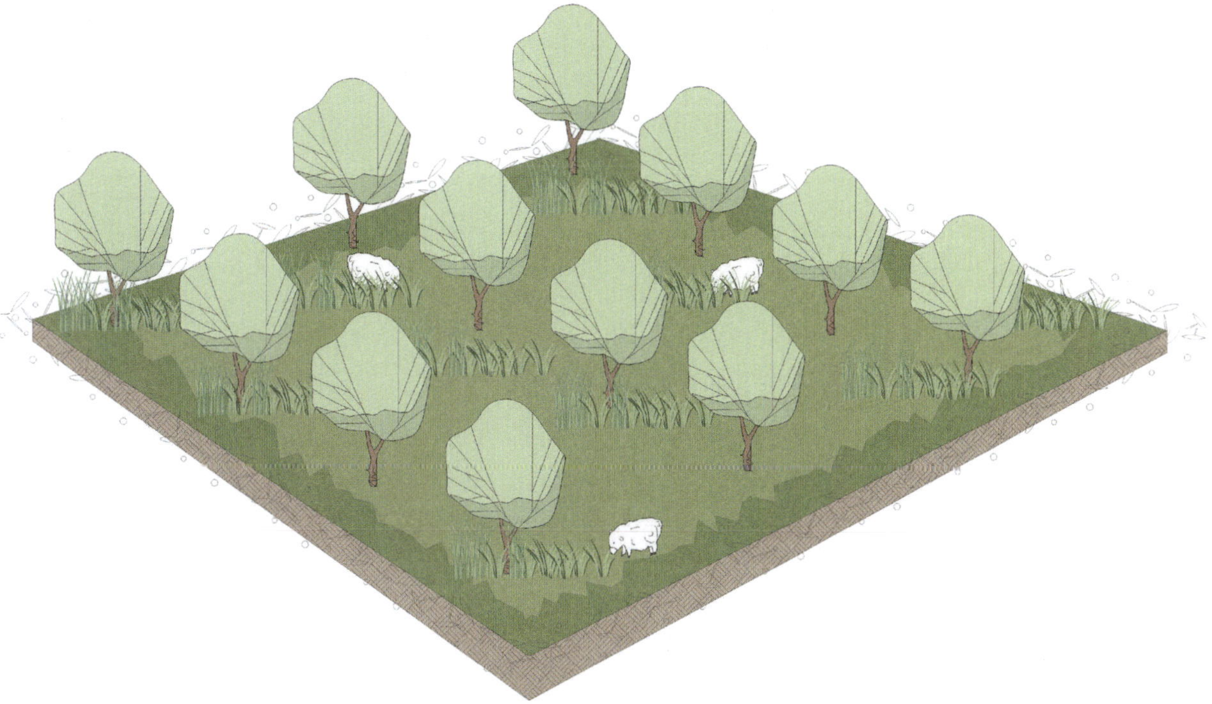

Ein Agroforstmodell ist eine Kombination aus Bäumen und landwirtschaftlichen Kulturen oder Weideflächen.

Systeme wie eine Streuobstwiese oder ein Olivenhain, wo unter oder zwischen den Bäumen Weide- oder Ackerflächen bewirtschaftet werden, bezeichnet man als «Agroforstsysteme», also eine Mischung aus Agrarwirtschaft und Forstwirtschaft. Hier werden Baumfrüchte und Holznutzung mit einjährigen Kulturen kombiniert. Diese Form der Landwirtschaft rückt derzeit deutlich stärker in den Fokus von Landwirten, da es in vielen Bereichen der Landwirtschaft Probleme mit Erosion, Humusabbau, Wassermangel und fehlender Biodiversität gibt – alles Probleme, die durch eine moderne Agroforstanlage reduziert werden können, ohne dass die Landwirte dabei wirtschaftliche Einbußen erleiden müssen.

Mandelbäume strukturieren die Getreideflächen in Mallorca und geben einen guten Ertrag.

Arganbäume, die ein sehr teures und gutes Öl geben, werfen lichten Schatten auf einem Feld in Marokko.

In Südeuropa, welches noch stärker von Wassermangel betroffen ist als Mitteleuropa, nimmt die Anzahl der Betriebe mit Agroforst derzeit deutlich zu. Aber auch bei uns interessieren sich immer mehr Landwirte, insbesondere diejenigen, die auf ärmeren Böden arbeiten, für dieses integrierte Gehölzsystem.

Waldgärten

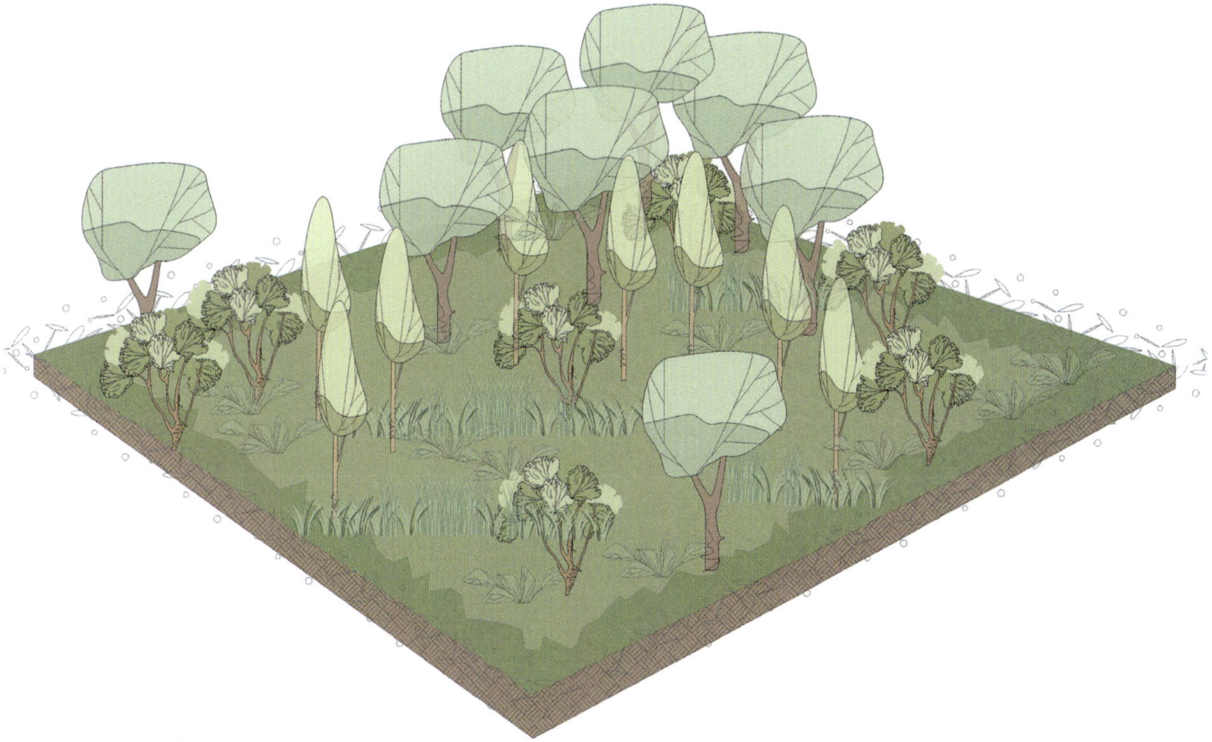

Waldgärten sind lichte, sehr vielschichtige Gehölzsysteme.

Doch warum hat sich in unserer Landwirtschaft keine Tradition durchgesetzt, die der Idee des Waldgartens ähnelt? Zum einen kam es immer wieder vor, dass die landwirtschaftliche Produktion mit Bäumen bewusst unterbunden wurde. So hat die Europäische Union den Bauern bis in das Jahr 1975 (!) Prämien für die Fällung von Obsthochstämmen gezahlt. Und noch 1953 legte das Bundesernährungsministerium fest: «... für Hoch- und Halbstämme (wird) kein Platz mehr sein. Streuanbau, Straßenanbau und Mischkultur sind zu verwerfen.» Aber auch im Mittelalter gab es schon Bestrebungen, die Landwirtschaft mit Gehölzen klein zu halten. Der Erzbischof von Florenz hat im Mittelalter den Anbau der Blumenesche *(Fraxinus ornus)*, aus der das sogenannte Manna – ein süßer Saft – gewonnen wird, untersagt. Das Leben wurde durch diese Form der Landwirtschaft zu einfach, die Menschen sollten seiner Ansicht nach lieber hart arbeiten. Ähnliches berichtet man aus dem mittelalterlichen Frankreich, wo der Anbau der Esskastanie verboten werden sollte, da die Waldgärtner mit ihrer einfachen Art der Landwirtschaft nicht mehr für den Krieg zu gebrauchen waren. Gibt es ein schöneres Argument *für* Waldgärten?

Aber es gibt natürlich noch andere Gründe, warum ein Food Forest, wie wir ihn aus den Tropen kennen, bei uns nicht ohne Weiteres nachgebaut werden kann. Würden wir das Konzept des tropischen Food Forest mit seinen sieben Schichten bei uns übernehmen, würde es wahrscheinlich auch grün werden, aber wir wären alle ausgesprochen schlank. Für einen ertragreichen Anbau braucht es nämlich ausreichend Licht, welches bei uns für ein vielschichtiges System nicht zu Verfügung steht. Daher ist der Begriff «Waldgarten» eigentlich ein bisschen unglücklich gewählt, denn er suggeriert das Bild eines dichten, dunklen Baumbestandes. Die wesentliche Erkenntnis, die wir aus den neuen Konzepten und der ersten Erprobungsphase für die gemäßigten Breiten ableiten können, ist die Art und Weise, wie wir mit dem Thema Licht umgehen können. Anders als in den Tropen werden unsere Waldgärten eher einer lichten, halb offenen Parklandschaft ähneln. Die Abstände zwischen den Gehölzen müssen in unserem Klima größer sein, und auch die übereinandergelagerten Schichten werden wir eher aus drei als aus sieben Etagen aufbauen.

Die ersten Konzepte für Waldgärten in den gemäßigten Breiten stammen von dem englischen Waldgartenpionier Robert Hart (1913–2000). In Wenlock Edge in England entwickelte er einen ersten Waldgarten für unsere Klimazone. Seine Ergebnisse veröffentlichte er in den Büchern «Forest Gardening» (1986) und «Beyond the Forest Garden» (1996). Seitdem sind in Europa ein paar Hundert Waldgärten entstanden. Diese sind in den letzten 20 Jahren stark geprägt durch die Arbeit des Engländers Martin Crawford, der als Direktor des Agroforestry Research Trust ganz wesentlich zur Entwicklung der Waldgärten und der Erforschung der dazu passenden Pflanzen beigetragen hat. Heute liegen uns also erste Erkenntnisse aus über 30 Jahren Waldgartenpraxis vor. Und wir können sagen: Damit stehen wir noch sehr am Anfang.

Sieht man sich die Gehölzstrukturen in unseren Naturräumen an, wird man feststellen, dass sich der große Teil der Artenvielfalt und die Produktion von Früchten auf den Waldrand und auf sehr lichte Wälder beschränkt. Was wir brauchen, um stabile, waldähnliche Strukturen zu schaffen, ist also eher eine Art «Stretch-Waldgarten». Andere Begriffe wären Waldrandgarten, Waldlichtungsgarten oder Fruchthain.

Waldgärten, wie hier auf La Gomera, bestehen aus einer ständigen Abwechselung aus Lichtungen, Bäumen und Sträuchern.

Ein Waldgarten in den gemäßigten Breiten besteht in der Regel aus den drei Schichten Baumschicht, Strauchschicht und Krautschicht. Diese drei Schichten erfüllen, ähnlich wie in einem Mischwald, mehrere Funktionen und beherbergen ganz unterschiedliche Tiere und Pflanzen.

Baum- und Strauchschicht in einem Waldgarten. Die Schicht direkt über dem Boden aus essbaren Stauden bildet die Krautschicht.

2

Dynamik und Systemverständnis

Volker Kranz

Der Wald als ökologisches Vorbild

Waldgärten zu pflanzen und zu bewirtschaften, ist eine recht komplexe Angelegenheit. Es erfordert einige Kenntnisse über die Arten und ihr Zusammenspiel, fordert unsere Geduld heraus und lässt sich nicht so schön linear vorwegplanen wie eine Monokultur. Ganz wesentlich ist es also, dass wir die dynamischen Abläufe und Strukturen eines Waldgartens verstehen.

Ein wesentliches Prinzip eines jeden komplexen Systems ist die Eigendynamik, mit der sich das System bildet und verändert. Da wir in einem vielfältigen System nicht mit fertigen Rezepten arbeiten können, müssen wir das System, welches wir aus der Natur kopieren wollen, möglichst gut verstehen. Einen Waldgarten zu bauen, bedeutet also: beobachten, beobachten, beobachten. Das Beobachten wird für viele Waldgärtner sicherlich eine zentrale, ausgesprochen spannende Auseinandersetzung mit der Natur werden.

Der japanische Landwirt und Mikrobiologe Masanobu Fukuoka, der zu den großen Denkern der Permakultur gehörte, entwickelte eine Landwirtschaft, die er «Nicht-tun-Landwirtschaft» nannte. Dies ist nicht zu verwechseln mit «Nichtstun». Auch in Fukuokas Landwirtschaft wird viel gearbeitet – aber es sind Arbeiten, die die Naturprozesse unterstützen und das «Nicht-tun» bezieht sich hier auf das bewusste Unterlassen von Techniken wie Pflügen und Düngen. In langjährigen Versuchen gestaltete er eine Landwirtschaft, in der der Bauer im Wesentlichen die Natur beobachtet, kleine Eingriffe vornimmt und sich ansonsten auf Säen und Ernten beschränkt. Diese Eingriffe waren unter anderem sogenannte Samenbomben, bei denen in Lehm gehüllte Samen im Gelände ausgestreut wurden, um bestimmte Pflanzen anzusiedeln. Fukuoka säte mit dieser Technik auch seine kompletten Reisfelder, die er 30 Jahre lang nicht mehr umgegraben oder gelockert hatte.

In Lehm gehüllte Samen können im Waldgarten zur Etablierung neuer Pflanzen eingesetzt werden.

Diese heute in der ganzen Welt bekannte Technik wurde von Fukuoka in den 1970er-Jahren auf den Weg gebracht. Die erstaunlichen Erträge, die Fukuoka mit dieser scheinbar einfachen Methode erzielte (sein Reisanbau galt in Japan als die ertragsreichste Methode), beruhte ganz wesentlich auf dem Verständnis für die Dynamik der Natursysteme. Diese wollen wir für einen Waldgarten in dem folgenden Kapitel aufzeigen.

Von der Plantage zum Waldgarten

Eine Obstplantage aus gleichaltrigen Bäumen

Auf den ersten Blick stellt sich vielen wahrscheinlich die Frage, warum wir so einen Aufwand betreiben, um einen Waldgarten zu entwerfen, wenn wir viele dieser Produkte auch aus einer Obstplantage bekommen können. Diese ist als Anbausystem überschaubar, liefert gleichmäßige Erträge und lässt sich leicht auch mit Maschinen ernten. Gute Gründe, die für eine Plantage sprechen.

Wenn wir uns aber einmal ansehen, wie ein Wald funktioniert, erkennen wir sehr schnell, dass auch viele Gründe gegen eine Plantage sprechen. Was ist der Unterschied zwischen einer Monokultur und einem naturnah bewirtschafteten Wald? Eine Monokultur ist eine Anpflanzung von Bäumen im gleichen Altersstadium, in gleichmäßigen Abständen, die dadurch auch einen gleichartigen Raum für die Baumkronen bilden.

Eine Monokultur im Forst bietet wenig Abwechselung für Tiere und Pflanzen.

In einem natürlichen Wald hingegen gibt es die unterschiedlichsten Altersklassen und Vegetationsentwicklungen – von der Lichtung mit ihren Stauden und Himbeeren über die Strauchschicht mit Holunder und Haselnuss bis zum dichten ausgewachsenen Wald mit seinen hohen, alten Bäumen – dem Hochwald. Ein Wald ist also immer vielgestaltig und die unterschiedlichen

Ein vielfältiges Leben entwickelt sich, wenn die Unterschiede innerhalb einer Struktur groß sind.

Entwicklungsschritte bilden sich immer aufs Neue. Ein alter Baum fällt um, in der Lichtung gedeihen Stauden und Sträucher, junge Bäume schließen später die Lücke und bilden wieder einen Hochwald.

Wenn wir den Unterschied zwischen einer Monokultur und einem naturnah bewirtschafteten Wald verstehen, erkennen wir auch den Unterschied zwischen einer Obstplantage und einem Waldgarten.

Die Waldentwicklung beinhaltet also die Stufen: einjährige Pioniere, Stauden und Gräser, Sträucher, schnell wachsende Bäume und der Altbaumbestand. Würden wir diese Stufen auf einzelne Flächen nebeneinanderstellen, hätten wir kein Waldsystem mehr, sondern ein Nebeneinander einzelner Elemente, die eigentlich ein System bilden. Dadurch ginge ein wesentlicher Aspekt des Waldes verloren: die Vielfalt der Strukturen. Genau dies ist bereits in der Landwirtschaft geschehen. Die vormals gut funktionierenden Systeme der kleinbäuerlichen Landwirtschaft wurden aufgeteilt und dann durch Spezialisten bewirtschaftet: Obstbau, Tierzucht, Getreidebau, Gemüsebau und Teichwirtschaft. Die einzelnen Elemente, die einmal ein System bildeten, haben heute kaum noch etwas miteinander zu tun.

Genau dies passiert auch, wenn wir uns den Anbau von Obst, Nüssen und Kräutern als Plantage vorstellen: Es gehen die unterschiedlichen, eng miteinander verwobenen Strukturen verloren und die monotone Pflanzung bietet wenig Lebensraum für Tiere und andere Pflanzen.

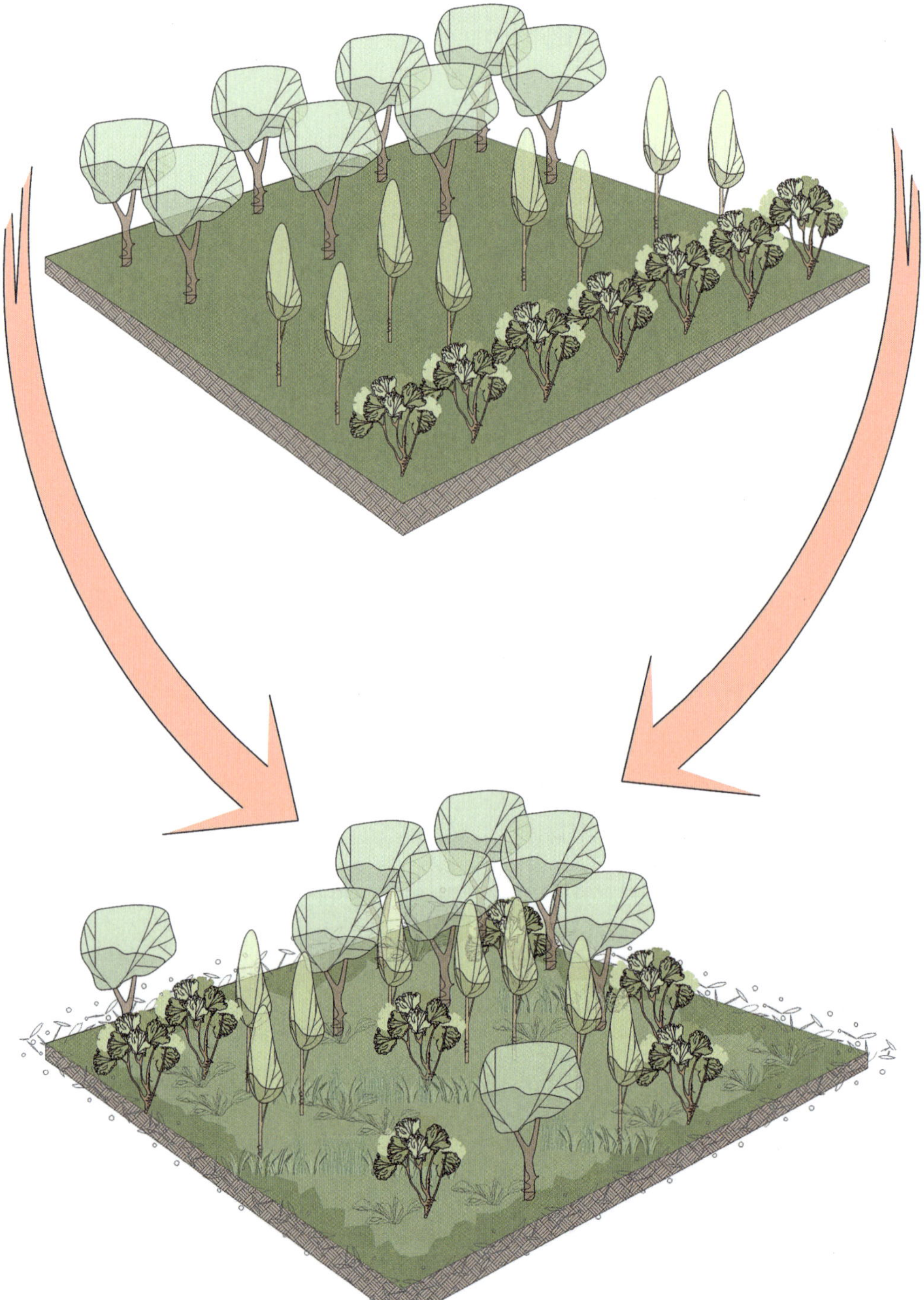

Die gleichen Pflanzen in einer gemischten Struktur erhöhen den ökologischen Wert eines Systems.

Es kommt also nicht nur darauf an, ob wir alle Pflanzen eines Systems beherbergen, sondern auch darauf, ob diese ein System bilden, welches viele unterschiedliche Strukturen für andere Lebewesen bietet. Bei den Strukturen gibt es zwei unterschiedliche Muster. Die horizontalen Strukturen beschreiben den Abstand zwischen den Bäumen. Mal sollten sie recht eng, dann wieder etwas weiter auseinander stehen. Dadurch verändert sich beispielsweise der Lichteinfall, der auf den Boden trifft, und somit die Art der Pflanzen in der Krautschicht, die hier wachsen können. Das zweite Muster ist die vertikale Struktur. Diese legt die unterschiedlichen Höhen der Bäume fest. Ein beständiges Auf und Ab der Baumhöhen erzeugt eine sehr große Oberfläche, an der wieder viele Tiere sehr unterschiedliche Lebensbedingungen finden. So braucht beispielsweise die Fledermaus nicht nur Altbäume für ihre Wochenstube, sondern in gleichem Maße auch Lichtungen und Schneisen für die Jagd. Andere Tiere wiederum benötigen Totholz und sich zersetzendes Material neben Wasserflächen und Jungbaumbeständen.

In der Permakultur kennen wir mehrere Leitsätze, die die Idee der Strukturvielfalt unterstützen:

«Schaffe Zustandsunterschiede und die Nutzer stellen sich ein»

Bei der Gestaltung von Systemen ist es in der Regel kaum möglich, alles bis ins letzte Detail im Voraus zu planen. Das Geheimnis eines Systems liegt ja unter anderem darin, dass es sich dynamisch entwickelt und dadurch im Detail nicht «beherrschbar» ist. Wir können aber z. B. durch das Geländedesign dafür sorgen, dass das System entwicklungsfreudig gestaltet ist. Und dies gelingt unter anderem, wenn wir viele verschiedene Zustände in einem Gelände herstellen. Wenn wir von vorneherein ein Gelände mit unterschiedlichen Bereichen – also windigen und windstillen, schattigen und sonnigen, trockenen und feuchten Orten – herstellen, wird die Anzahl der Arten und Möglichkeiten in so einem Gelände unweigerlich größer sein als bei einem strukturarmen Gelände. Auf diese Art und Weise wird ein Gelände immer dazu tendieren, dass es resilienter gegenüber externen Einflüssen ist. Ein vielfältiger Waldgarten im Vergleich zu einer Plantage erfüllt genau diese Anforderungen.

Eichhörnchen bewohnen alle Etagen eines Waldgartens.

« Schaffe Randzonen und schätze das Marginale »

In natürlichen Systemen gibt es das Phänomen der Randzone. Dies ist der Ort, wo zwei Systeme aufeinandertreffen, also Waldrand, Flussufer oder das Wattenmeer. Hier findet sich eine große Vielzahl an Arten, und zwar die Arten aus den angrenzenden Systemen (z. B. Wiesenvögel und Waldvögel) sowie die Arten, die genau in dieser Randzone leben (z. B. Heckenbewohner). Die Übergänge von Systemen haben also eine große Bedeutung im Naturhaushalt.

Hase am Waldrand

So sehen wir bei der Wanderbewegung von Raubtieren, dass sie sich gerne entlang der Randzonen bewegen. Die Wahrscheinlichkeit, hier auf Beute zu treffen, ist einfach sehr hoch. Denn die Beutetiere lieben ebenfalls die Randzone: Hier gibt es die größte Auswahl an Pflanzen und Nahrung. Ein Waldgarten mit seinen vielen Lichtungen, Rändern und Schattenbereichen stellt genau dieses Phänomen her: vielfältige Systeme und ihre Übergänge.

Es geht also immer um Strukturvielfalt. Wenn wir das Vorbild des heimischen Waldes auf einen Waldgarten übertragen, werden wir dieselben Phänomene erkennen. In einer Studie zu Waldgärten in Südostasien findet sich eine bemerkenswerte Zahl: In Waldgärten konnten Forscher bis zu 50 % der Tierarten nachweisen, die normalerweise im Primärwald (also dem ursprünglich dort vorhandenem Naturwald) vorkommen. Setzen wir dieselben Pflanzenarten des Waldgartens aber als Plantage, sinkt dieser Wert auf etwa 5 %. Wir sehen also in einem Anbausystem dieselben Mechanismen wie in unseren Wäldern. Je strukturreicher das System ist, umso mehr Arten kann es beherbergen. Wenn wir uns einmal die Gartenstrukturen von Wohnvierteln ansehen, bekommen wir eine Idee, wie so eine Landschaft aussehen könnte. Ein unablässiger Wechsel von Bäumen, Hecken, Rasenflächen und Begleitstauden wechselt sich als Landschaft ab, hin und wieder durch einen kleinen Park mit mehreren Altbäumen ergänzt. Wenn wir uns diese Struktur vor Augen führen, sind wir gestalterisch sehr nahe an einem Waldgarten, der eine große Anzahl an Tieren und Pflanzen beherbergen wird.

Die Gärten in einem Altbauviertel in der Innenstadt von Bremen: Hier sind die vielfältigen Strukturen der Gartenanlagen gut sichtbar.

Permakultur

Nachdem ich mich als Landschaftsgärtner und Naturschützer viel mit komplexen Systemen und ökologischen Zusammenhängen beschäftigt hatte, suchte ich nach einer Herangehensweise, mit der sich Systeme und Landschaften planen und gestalten lassen. Hierbei stieß ich auf die damals noch junge Idee der Permakultur. Die Australier Bill Mollison und David Holmgren entwickelten in den 70ern den Grundstein für eine Gestaltungsmethode, die aktiv Landschaften gestalten wollte, um so zu einer nachhaltigen Landwirtschaft zu gelangen: die «Permanent Agriculture» – also «dauerhafte Landwirtschaft». Basierend auf der Analyse komplexer Ökosysteme entwickelten sie eine Planungsstrategie, die es uns ermöglicht, nachhaltige landwirtschaftliche Modelle zu entwerfen. Als Gestalter überzeugte mich diese Idee sofort – denn ihr Ziel war ganz klar: Wir müssen die Erkenntnisse aus der Systemtheorie mit der Praxis der Landgestaltung verbinden und zu einer konkreten Umsetzung kommen. Philosophen und Wissenschaftler werden Gärtner und andersherum.

« Permakultur ist die bewusste Gestaltung und Erhaltung von landwirtschaftlich produktiven Ökosystemen, die die Vielfalt, Stabilität und Widerstandsfähigkeit natürlicher Ökosysteme aufweisen. »
(Mollison 1988)

Die Permakultur ist also keine Anbaumethode, sondern ein Gestaltungsansatz. Dieser Gestaltungsansatz hilft uns, auch bei der Planung von Waldgärten die hier stattfindenden Abläufe und Entwicklungsmuster zu verstehen und zu berücksichtigen.

1981 wurde für den Ansatz der Permakultur der «Right Livelihood Award» verliehen, auch bekannt als der «Alternative Nobelpreis». Mittlerweile hat sich der Ansatz von einer stark landwirtschaftlichen Orientierung hin zu einer generellen Gestaltungsmethode entwickelt, die auch Forstwirtschaft, Sozialstrukturen, Wasserbau, Architektur und Bildung miteinschließt.

Sukzession als Gestaltungsprinzip

Wenn wir uns einen Gartenplan von einem Planungsbüro erstellen lassen, werden wir feststellen, dass der Garten, wenn die Landschaftsgärtner mit der Arbeit fertig sind, nur bedingt etwas mit dem Plan zu tun hat, den wir vorher gesehen haben. Da, wo die Hängematte zwischen den Bäumen hängen sollte, stehen nur zwei dünne Stämmchen, die Sichtschutzhecke macht alles, aber noch keinen Sichtschutz, und dort, wo unter den neuen Bäumen die Farne wachsen sollen, ist eigentlich nur Sonne. Nach vielleicht 15 Jahren hat der Garten dann den Zustand erreicht, den die Planer einmal entworfen hatten. Und auch dieser Zustand besteht nur für eine Zeit, denn der Garten entwickelt sich ununterbrochen weiter. Die sonnigen Beete werden immer schattiger, Gehölze bedrängen sich gegenseitig, erste Sträucher sterben sogar schon ab. Die Staudenbeete sind auch nicht mehr so wie vor 10 Jahren. Irgendwie haben sich mehrere Stauden davongemacht, andere haben sich selbst angesiedelt. Was wir hier erleben, ist eine Entwicklungsdynamik, die sich in jedem lebendigen System findet. Ein wesentliches Prinzip darin beruht auf der sogenannten Sukzession, vom lateinischen *succedere* – nachrücken, aufeinanderfolgen. Dies beschreibt einen Vorgang in der Natur, den wir auch täglich im Garten erleben: Arten kommen und gehen, das System unterliegt einer permanenten Veränderung. Wenn wir ein Waldgartensystem aufbauen wollen, sollten wir uns über die Prozesse, die dieses System gestalten, bewusst sein.

*An*melden und *Ab*melden

Alle, die schon einmal einen Garten bearbeitet haben, kennen dieses Thema: Haben wir einmal offenen Boden geschaffen, zum Beispiel, indem wir den Boden bewegt oder gewendet haben, siedeln sich in Windeseile bestimmte Pflanzen an. Die Natur akzeptiert keinen offenen Boden, sondern schickt als Erstes die Pflanzen (und Tiere), die in der Lage sind, mit einem noch nicht gut entwickelten Standort zurechtzukommen – die sogenannten Pionierpflanzen.

Die Melde gehört zu den Erstbesiedlern von offenen Böden.

Diese Pflanzen verfügen über zwei wesentliche Merkmale: Sie sind sehr schnell zur Stelle, wenn es darum geht, neuen Boden zu besiedeln. Und sie sind sehr anspruchslos in Bezug auf Wasser und Nährstoffe. Dies erklärt sich aus der natürlichen Dynamik, in der sie sich behaupten müssen. In der Natur entstehen offene Böden in der Regel durch Hangrutsche, Erosion, Uferabbrüche, umgestürzte Bäume oder grabende Tiere. Die Pflanzen breiten sich also nicht aus wie die meisten Bäume, die sich im nahen Umkreis der Mutterpflanze aussäen (der Apfel fällt nicht weit vom Stamm). Sondern sie nutzen den Umstand, dass irgendwo gerade offener Boden ist – und da heißt es dann schnell und flexibel zu sein. Darüber hinaus ist an diesen Stellen der humusreiche Oberboden häufig abgetragen – also sollte so eine Pflanze keine allzu großen Ansprüche stellen. Und: Da der Boden an diesen Stellen offen ist, sind es überwiegend Lichtkeimer – also Pflanzen, deren Samen oben auf der Erde liegen und dort keimen. Bei uns in Mitteleuropa sind das z. B. Melde, Kamille, die Ackerwildkräuter wie Mohn oder Kornblume.

Vor diesen Pflanzen brauchen wir erst mal keine Angst zu haben, da sie nur eine sehr kurze Phase in der Entwicklung des Systems einnehmen. Es gibt keinen einzigen Standort in der Natur, der über einen längeren Zeitpunkt von diesen Pionierpflanzen besiedelt wird – die Melde wird sich anmelden und nach wenigen Jahren auch wieder abmelden. Wenn wir eine Wildwiese aussäen, sehen wir diesen Effekt ganz deutlich: Die Schönheit der Mohn- und Kornblumen dauert ein Jahr, danach weicht sie der nächsten Riege der Schönheiten. Es bilden sich langlebigere Bestände aus Margariten, Wiesen-Salbei und Schafgarbe. Nur die Flächen, die regelmäßig gepflügt werden und damit offenen Boden haben, bieten den Mohnblumen jedes Jahr wieder eine neue Chance.

Die Schönheit der Mohnblüte können wir leider nur bewundern, wenn der Boden regelmäßig bearbeitet wird.

Warum verschwinden die Pflanzen in einem recht gut vorhersehbaren Rhythmus? Dies liegt ganz wesentlich daran, dass jede Pflanze im Laufe der Zeit durch ihre Anwesenheit den Standort verändert. Die Melde beschattet den Boden und bringt durch die Wurzeln und Blätter den ersten Humus in den Boden. Aus dem unwirtlichen Sandboden entwickelt sich ein Standort, der etwas mehr Wasser hält, nicht mehr so heiß wird und ein wenig Humus enthält. Damit beginnt eine ausgesprochen spannende Dynamik das Stück Land zu verändern. Jetzt kommen nach den meist einjährigen Pionieren die ersten Gräser und Stauden. Sie profitieren von dem verbesserten Standort und verdrängen die Pioniere. Denn sie verfolgen eine andere Strategie: Sie haben zwar höhere Ansprüche, sind aber durchsetzungsstärker. Wir erleben also die Dynamik zweier unterschiedlicher Strategien: schnell, anspruchslos und wenig durchsetzungsstark gegen langsam, anspruchsvoll und sehr durchsetzungsstark. So wird aus dem Meldehügel eine Wiese mit Stauden und Gräsern, die genau denselben Weg gehen: noch mehr Humus, noch mehr Bodenbedeckung, noch mehr Wasser. Und die nächstanspruchsvolleren Arten lauern schon am Wegesrand: die Pioniergehölze. Das kann man auch als das Drama der Sukzession beschreiben: Jede Phase schaufelt sich durch ihre Anwesenheit ihr eigenes Grab.

In der Wiese gedeihen jetzt Brombeeren, Wildrosen, Ginster oder Holunder – die sehr produktive und dynamische Phase der Sträucher ist in vollem Gange.

Brombeeren und Schlehen beginnen auf einer Wiese mit der Waldbildung.

Die Verbuschung nimmt im Laufe der Sukzession immer weiter zu und es wachsen erste Bäume. Der Boden ist schon fast vollständig bedeckt.

Diese Phase kann je nach Standort wenige Jahre oder Jahrzehnte dauern – bis zwischen den ersten Sträuchern die schnellwüchsigen, anspruchslosen Bäume gedeihen. Je nach Potenzial des Bodens und den vorhandenen Samen sprießen manchmal auch schon direkt in der Wiese die ersten Bäumchen. Birke, Robinie, Ahorn oder Weide bilden den sogenannten Vorwald. Dieser ist gekennzeichnet durch schnellwüchsige Baumarten, die auch ohne einen voll entwickelten Humusboden auskommen. So wie die krautigen Pflanzen ihre Meisterpioniere in der Melde und Kamille gefunden haben, so haben die Bäume diese in der Birke und Weide gefunden. Nur an Sonderstandorten – etwa einem austrocknenden Moor, einem sehr sandigen Boden oder auf Felsplatten – erhalten sich diese Pflanzen als langlebiges, stabiles System. Auf allen anderen Böden übernehmen irgendwann Bäume wie Buchen und Eichen die Regie. Sie sind am anspruchsvollsten, aber durchsetzungsstärksten und bilden jetzt den Hochwald. Wenn keine «Störungen» dazwischenkommen, bleiben diese Wälder über Jahrhunderte bestehen.

Arbeiten mit der Sukzession

Beim Design von Waldgärten ist es immer wieder spannend zu sehen, wie die Natur arbeitet und was wir von ihr für unsere Planung lernen können. Bei der Beratung für ein Projekt in der Toskana fanden wir eine 5 ha große Fläche vor, die seit 20 Jahren nicht bearbeitet wurde. Ursprünglich bestand die Fläche aus mehreren Reihen Olivenbäumen, einzelnen Obstbäumen und einer Vielzahl an Weinstöcken. Bei der Recherche zu diesem Gebiet fanden wir eine Satellitenaufnahme aus dem Jahr 2000. Hier waren die geordneten Strukturen des Olivenhains noch gut zu erkennen. Für die Erkundung derselben Fläche 20 Jahre später war der Einsatz einer Drohne hilfreich, damit wir uns überhaupt einen Überblick über das mittlerweile stark verbuschte Gelände verschaffen konnten. Die Strauchphase war also in vollem Gange. Auffällig waren die großen Flächen mit Binsenginster sowie die Weinstöcke, die von Rehen bis auf 30 cm Höhe abgefressen wurden und folglich keine Früchte trugen. Dort, wo der Ginster wuchs, schafften es aber immer wieder einzelne Reben, in die 2–3 m hohen Ginsterbüsche und die sich dazwischen entwickelnden Manna-Eschen zu klettern. Diese Reben trugen im Mai schon zahlreiche Fruchtansätze.

Genau diese Kombination aus Ginster – der mit seinen Knöllchenbakterien zur Stickstoffversorgung beiträgt – sowie den Eschen als natürlichem Rankgerüst lieferten die Idee für die weitere Konzeptionierung. Als extensiver Weinberg genutzt, werden neben die Reben Ginster und Manna-Eschen gepflanzt und gesät. In dem Maße, wie die Reben sich etablieren, wird der Ginster wieder reduziert und die Eschen auf eine Höhe von 2 m gestutzt, damit der Wein auch geerntet werden kann. Dieses System kann so noch viele Jahre weiter Erträge liefern. Der Ginster trägt derweil dazu bei, einen humosen Boden aufzubauen. Durch die Manna-Eschen erreichen wir gleichzeitig eine Kühlung des Bodens im Sommer und eine Reduzierung der Windaustrocknung. Unter diesen Bedingungen können wir langsam mit der Neupflanzung von Obstbäumen beginnen und steuern damit die natürliche Entwicklung in die nächste Sukzessionsphase – den Vorwald. So lässt sich ein System entwickeln, welches die natürliche Dynamik der Sukzession abschaut und aktiv in der Gestaltung nutzt.

Aus einer Wiese ist innerhalb von 20 Jahren eine Buschlandschaft mit einem guten Humusaufbau entstanden.

Dieser Wein hat in einer jungen Manna-Esche die passende Rankhilfe gefunden.

Nun ist es aber nicht so, dass das Ziel der Natur der Hochwald ist. Der Hochwald ist nur die Phase, welche am längsten andauert und am häufigsten vorkommt. Wir können uns die Landschaft eher wie eine Art Flickenteppich aus verschiedenen Entwicklungsstadien vorstellen, die in Summe das «Mosaik-Zyklus-System» bilden: Alle Stufen der Sukzession existieren nebeneinander, in sich verändernden Stadien.

Wie nutzen wir jetzt dieses Wissen über die Abfolge für die Planung und Unterhaltung von einem dynamischen System wie einem Waldgarten? In der Permakulturplanung sprechen wir auch von dem Unterschied zwischen einem *prozess*orientieren und einem *ziel*orientierten Design. Eine Obstplantage etwa ist in der Regel sehr zielorientiert. Wir pflügen einen Acker, pflanzen Obstbäume oder Beerensträucher und pflegen dann die Fläche so lange, bis der Ertrag beginnt. Wenn die Ertragszeit vorbei ist – je nach Kultur ist dies nach 7 bis 15 Jahren der Fall –, wird die Fläche gerodet und neu bepflanzt. Die ganze Aufmerksamkeit gilt einem einzelnen Ziel, der Ernte einer einzigen Kultur: Johannisbeeren, Kirschen usw.

Bei einem prozessorientierten, dynamischen Design geht es hingegen um die Gestaltung eines Entwicklungs*prozesses*. Im Vordergrund stehen also die Dynamik und der Umgang mit Veränderungen – also genau das Phänomen, welches wir aus den Veränderungsprozessen der Natur als Sukzession kennen.

Wenn wir ein Gelände planen, haben wir jetzt aber nicht nur eine Vorstellung davon, wie sich das Gelände im Laufe der Zeit wohl entwickeln wird, sondern auch davon, in welcher Phase der natürlichen Entwicklung sich unser Gelände gerade befindet. Für unsere Planung ist es absolut entscheidend, ob wir aus dem Ende der Strauchphase (überall sprießen die ersten Bäume) oder dem Anfang dieser Phase (erste Wildrosen zeigen sich auf der Wiese) beginnen.

Zudem verstehen wir, was passiert und warum es passiert. Wenn wir beispielsweise zu viele Bäume aus einem System entfernen, dann beginnt ganz automatisch erneut die vorherige Sukzessionsphase: Der Druck durch Brombeeren oder Hartriegel nimmt zu, da durch unseren Eingriff die Verschattung nachlässt. Das kann natürlich sinnvoll sein, wir sollten uns nur bewusst sein, welche Dynamik wir dadurch anstoßen. Beginnen wir in einem Gelände, welches sich in der Phase des Vorwaldes befindet, können wir gezielt in die nächste Phase – die des Hochwaldes – gehen, indem wir Walnüsse, Esskastanien oder Linden pflanzen. Oder wir tauschen die vorhandenen Vorwaldbäume, vielleicht Birken oder Ahorn, aus und ersetzen sie durch Bäume mit ähnlicher Funktion und Lebensdauer, also zum Beispiel Kirschen, Ebereschen oder Maulbeeren. So erhalten wir einen Waldgarten mit den Arten und Eigenschaften eines Vorwaldes. Oder wir gehen aus dem Vorwald zurück in die Strauchphase, entfernen die Birken und ersetzen die Brombeeren durch Felsenbirnen, Johannisbeeren oder Ölweiden. All dies ist möglich, und basiert auf jeweils unterschiedlichen Strategien, die entsprechend unterschiedliche Ergebnisse liefern.

Das Wissen über die natürlichen Veränderungsprozesse ist entscheidend, um einen Waldgarten zum Gedeihen zu bringen und für das Verständnis aller dynamischen Natursysteme.

Die gestaltete Dynamik eines Waldgartens

Wir können unseren Waldgarten so aufbauen, wie es der natürliche Entwicklungsprozess in der Natur auch geschehen lassen würde – nur vielleicht ein bisschen im Zeitraffer und mit den Pflanzen, die wir für unseren Ertrag benötigen. Das Muster oder die Dynamik im Design wird also von der Natur entworfen, wir verändern lediglich die Details, indem wir die Arten und Standorte definieren. Das Ergebnis ist dann keine Plantage mit einer konkreten Art, sondern eine Abfolge unterschiedlichster Erträge in der Zeit: einjährige Gemüse gefolgt von mehrjährigem Gemüse und mehrjährigen Früchten, gefolgt von schnelltragendem Beerenobst, gefolgt von spättragendem Beerenobst, gefolgt von schnelltragenden Obstbäumen, gefolgt von langsamtragenden Obstbäumen und schließlich gefolgt von Großbäumen. Der Waldgarten durchläuft also alle Stufen einer natürlichen Sukzession. Das bedeutet allerdings nicht, dass sich der Waldgarten genauso entwickeln wird. Dies ist lediglich das Muster, an dem wir uns orientieren können. Es zeigt uns, welche Phase der Sukzession gerade den Schwerpunkt des Systems bildet. Es bedeutet aber nicht, dass es «am Ende» nur noch Großbäume gibt. Wie in jedem gesunden Mischwald wollen wir im Waldgarten Lichtungen, Ränder und unterschiedliche Altersklassen sich entwickeln lassen. Dies geschieht durch die bewusste Entnahme von Pflanzen, durch die natürlichen Ausfälle und durch relativ weite Abstände unter den Großbäumen.

Ein neuer Waldgarten mit einer Vornutzung durch essbare Stauden

Wie können wir uns jetzt die Dynamik im neuen Waldgarten ganz konkret vorstellen? Pflanzen wir alles auf einmal oder, wie in der Natur, im Laufe von Jahrzehnten? Etwas anders als in der Natur können wir im Prinzip einen Großteil der Pflanzen, die unser System beleben sollen, schon in den ersten Jahren pflanzen. Auch wenn wir alle Gehölze im ersten Jahr pflanzen, besteht unser Waldgarten noch für einige Zeit aus einer recht sonnigen Fläche, in der lediglich zahlreiche kleine Gehölze mit ein paar Blättern und Wurzeln stehen. Wir sollten jetzt aber nicht abwarten, bis diese Gehölze einen Ertrag liefern, sondern uns Gedanken darüber machen, wie wir den Boden des Waldgartens bedecken wollen – und Gemüse ist da sicherlich nicht die schlechteste Wahl.

Wenn die Bäume und Sträucher nicht sehr weit auseinanderstehen, sollten wir auf Wurzelgemüse verzichten, denn wir wollen ja nicht im Wurzelbereich der Bäume nach Kartoffeln graben. So bearbeiten wir in den ersten Jahren ein großes Gemüsebeet mit vielen kleinen Gehölzen darin, bedecken dadurch gleichzeitig den Boden und die Bäume werden auch noch mit Wasser versorgt, mit dem wir das Gemüse gießen. Während die krautigen Pflanzen gedeihen, wachsen im Hintergrund die Gehölze.

Bereits nach ein bis zwei Jahren werden die Beerensträucher den ersten Ertrag bringen. Kleine, kurzlebige Gehölze, wie Himbeeren oder Johannisbeeren, werden in den Folgejahren zu einer immer interessanteren Erntegröße. Gleichzeitig ist die Verschattung der Fläche noch so gering, dass das Gemüse und die essbaren Stauden ausreichend Licht haben. Gerade an den Standorten, wo die Beeren nicht so dicht stehen – etwa unter den Bäumen –, können essbare Stauden, wie Grünspargel, Fette Henne, Wald-Erdbeere oder Taubnessel, eine wohlschmeckende Ergänzung zu den einjährigen Gemüsekulturen sein. Und gleichzeitig wachsen langsam die übrigen Gehölze heran.

Wald-Erdbeeren gehören zu den wirklich köstlichen Pflanzen der Krautschicht.

Nach und nach nimmt der Schatten im System zu, und der Gemüseanbau beschränkt sich auf eine kleinere Fläche. Die ersten Beerensträucher werden alt. Das passiert durchaus schon nach sechs bis sieben Jahren. Sie sind dann noch nicht abgestorben, aber der Ertrag nimmt ab und ein Obstbauer würde sie roden und neue Pflanzen setzen.

Johannisbeeren bilden die Strauchphase im Waldgarten.

Die Himbeeren und Johannisbeeren ersetzen in unserem System nur die Pflanzen, die in einem natürlichen System auch nur eine begrenzte Lebenserwartung haben. Sie «wissen», dass sie bald von der nächsten «Sukzessionswelle» überrollt werden. Ich kann also meine Beeren hegen und pflegen, sie werden nie so alt werden wie ein Baum.

Auswahl an Sträuchern für die frühe und späte Strauchphase

Wissenschaftlicher Name	Deutscher Name
Amelanchier alnifolia	Erlenblättrige Felsenbirne
Aronia melanocarpa ✱	Schwarzfrüchtige Apfelbeere
Berberis aggregata	Knäuelfrüchtige Berberitze
Chaenomeles japonica	Japanische Zierquitte
Cornus mas	Kornelkirsche
Elaeagnus multiflora	Vielblütige Ölweide
Gaultheria shallon	Shallon-Scheinbeere
Leycesteria formosa	Karamellbeere
Lonicera caerulea var. *kamtschatica*	Honigbeere
Lycium barbarum ✱	Gemeiner Bocksdorn, Goji
Mahonia aquifolium ✕	Mahonie
Morus rotundiloba	Maulbeer-Hybride
Ribes phoenicolasius	Japanische Weinbeere
Rosa × dumalis	Vitaminrose
Rubus fruticosus	Brombeere
Rubus idaeus	(Sommer-)Himbeere
Sambucus nigra	Schwarzer Holunder
Schisandra chinensis	Spaltkörbchen
Shepherdia argentea	Büffelbeere
Vaccinium arctostaphylos	Kaukasische Heidelbeere
Viburnum trilobum	Amerikanischer Schneeball
Vitis vinifera	Echter Wein

✱ potenziell invasiv ✕ ungenießbar/giftig

Die Phase der schnelltragenden und kurzlebigen Beeren geht langsam zu Ende und die Spätentwickler melden sich zu Wort. Jetzt beginnen die Felsenbirnen, Kornelkirschen und Haselnüsse mit ihrer hochproduktiven Zeit. Das Gemüse dürfte sich langsam sehr weit zurückgezogen haben und wir sollten über eine neue Krautschicht nachdenken. Zum Glück hat die Natur sich ja zu jedem Standort etwas einfallen lassen. So finden sich jetzt einige essbare Schattenstauden, die die Bodenbedeckung übernehmen können.

Funkien sind ein leckerer Bodendecker im beginnenden Schatten des Waldgartens.

Und – wir können es uns schon denken – der Wandel nimmt seinen Lauf. Viele Beerensträucher verschwinden (einige lassen sich auch durch Rückschnitt verjüngen und gehen in eine zweite Lebensphase) und die ersten Bäume übernehmen den Ertrag.

Auswahl an früh tragenden Bäumen

Wissenschaftlicher Name	Deutscher Name
Asimina triloba	Pawpaw
Corylus colurna	Baumhasel
Crataegus × anomala	Arnold-Dorn
Crataegus pinnatifida var. *major*	Chinesischer Weißdorn
Cydonia oblonga	Quitte
Decaisnea fargesii	Blauschote
Diospyros kaki × virginiana	Winterharte Kaki
Diospyros lotus	Lotuspflaume
Ficus carica	Bergfeige
Hovenia dulcis	Rosinenbaum
Magnolia kobus	Kobushi-Magnolie
Mespilus germanica	Echte Mispel
Morus nigra	Schwarzer Maulbeerbaum
Poncirus trifoliata	Dreiblättrige Orange, Bitterzitrone
Prunus armeniaca	Aprikose
Prunus domestica	Pflaume
Prunus domestica subsp. *italica*	Reneklode
Prunus tomentosa	Filzkirsche
Pyrus pyrifolia	Nashi-Birne
Sorbaronia fallax 'Burka'	Fruchteberesche
Sorbus aucuparia	Vogelbeere, Eberesche
Sorbus domestica	Speierling
Sorbus torminalis	Elsbeere
Toona sinensis	Surenbaum
Zanthoxylum simulans	Szechuanpfeffer

Langsam machen sich die Bäume breit, die später mit wenigen Arten unser System dominieren – die Nüsse, Kastanien und vielleicht Eichen oder Linden. Dazu kommen, jetzt neu gepflanzte, schattenverträgliche Sträucher. Hiervon gibt es leider keine große Auswahl, da müssen wir uns mit wenigen Arten begnügen. Es gibt durchaus essbare Gehölze wie die Quitte, die hier wachsen würden. Allerdings werden die Früchte an so einem Standort nicht so süß, da das Sonnenlicht zum Aufbau von Zucker fehlt. Mögliche Kandidaten wären die Strauchkastanie *(Aesculus parviflora)*, die Niedere Scheinbeere *(Gaultheria procumbens)* oder auch Kletterpflanzen wie das Spaltkörbchen *(Schisandra chinensis)*. Wenn erste Bäume aus dem Waldgarten entnommen werden sollen, weil sie zu alt sind oder zu dicht stehen, kann das Holz zum Anbau von holzzersetzenden Pilzen genutzt werden. Im Waldgarten wird *alles* verarbeitet. Wenn wir keine großen Lichtungen eingeplant haben oder einige Bereiche des Waldgartens aktiv verjüngen, treten wir jetzt in die Phase ein, bei der wir umgangssprachlich von einem Wald sprechen: große Bäume, die hier für viele Generationen stehen – und viel mehr passiert nicht. Vielleicht fällt mal ein Baum um. Das ist aber schon ein ganz spannender Höhepunkt. Ob sich ein Waldgarten in seiner ganzen Fläche wirklich zu einem Hochwald entwickelt, hängt sehr davon ab, ob wir diesen Prozess dahin lenken wollen oder für eine Erneuerung der anderen Phasen sorgen.

Ein alter Walnusswald, durchsetzt mit wilden Äpfeln und Pflaumen

Wer also früh genug mit so einem System anfängt, kann alle Phasen der Waldgartenentstehung erleben. Von den arbeitsreichen, aufregenden Phasen der Verbuschung bis ins hohe Alter, wo wir nicht mehr so viel arbeiten können (und wollen). Da liegen wir dann nur noch in der Hängematte unter den großen Bäumen, knacken Walnüsse und rösten Esskastanien im Feuer.

Großbäume für die Spätphase des Waldgartens

Wissenschaftlicher Name	Deutscher Name
Carya illinoinensis	Pekannuss
Castanea mollissima	Chinesische Marone
Castanea sativa	Esskastanie
Juglans ailanthifolia cordiformis	Herznuss
Juglans regia	Walnuss
Quercus macrocarpa	Großfruchtige Eiche
Quercus rotundifolia × robur	Hybrid-Eiche
Tilia platyphyllos	Sommer-Linde

Diese Beschreibung der Waldgartendynamik ist natürlich stark vereinfacht und soll vor allem ein Verständnis der Entwicklungsstufen vermitteln. Durch Eingriffe können wir diese Stufen verändern. Dies ist nur eine Frage der Neupflanzung und Entnahme von Gehölzen aus dem System. In den meisten Fällen wird ein Waldgarten auch nicht so aufgebaut werden, dass wir alle Stufen, ohne einzugreifen, erleben werden und am Ende des Zyklus in einem Walnusswald stehen. Wir werden das System eher so anlegen, dass wir aus allen Entwicklungsstufen gleichzeitig ernten können.

Es gibt also keinen «Masterplan», auf dem in der Schlussphase der Entwicklung nur noch ein Kronendach aus Großbäumen vorherrscht.

Natürlich passieren auch viele unvorhergesehene Dinge, mit denen wir umgehen müssen. Bäume werden krank und sterben ab, manche Sorten schmecken uns einfach nicht und fliegen raus, Wühlmäuse richten Schäden an und Trockenheit kostet auch noch mal ein paar Pflanzen. Diese Lücken müssen gefüllt werden, neue Gemüseflächen entstehen, eine neue Strauchphase wird eingeleitet. Die Arbeit mit einem Waldgarten ist ein ständiges Suchen nach Möglichkeiten und Gelegenheiten. «Beobachten und interagieren» wäre das entsprechende Designprinzip in der Permakultur.

Die Schichten des Waldgartens

Wir haben beim Food Forest über die sieben Schichten des Regenwaldes gesprochen und warum wir in unseren Breiten eher mit drei Schichten arbeiten werden. Um die Idee hinter dieser Nutzungsform zu verstehen, müssen wir uns einmal die Funktionen und Merkmale der jeweiligen drei Schichten ansehen.

Die Baumschicht

Die Baumschicht in einem Waldgarten sieht ein bisschen anders aus als in einem Wald. Stellen wir uns einmal eine Eiche vor, die an zwei unterschiedlichen Standorten wächst. Der eine Standort ist ein Wald. Hier stehen alle Bäume in Konkurrenz zueinander – denn sie wollen ans Licht. Das bedeutet, die Bäume bilden lange, hohe Stämme aus, die relativ wenige Seitenäste bilden. So eine Eiche ist vielleicht 25 m hoch, der Stamm hat aber nur einen Durchmesser von 60 cm. Derselbe Baum in einer Parkanlage, wo er viel Licht und Platz um sich herum hat, wird vermutlich nur 15 m hoch, dafür aber doppelt so dick, da er sich ganz allein gegen den Wind stemmen muss. Und im Gegensatz zu seinem Artgenossen im Wald reichen seine Äste bis auf den Boden – denn sie bekommen hier ausreichend Licht.

Im Winter können wir es besonders gut sehen: links sehr dicht stehende Eichen und rechts eine frei stehende Gruppe. Die Höhe ist fast identisch, die Kronenbreite und die Höhe der Astansätze aber sehr unterschiedlich.

Was bedeutet dies für den Waldgarten? Im Waldgarten müssen die Bäume der oberen Schicht sehr weit auseinander stehen, da es ansonsten zu einem dichten Blätterdach kommen würde. Wenn dies der Fall wäre, bliebe nicht mehr genügend Licht übrig, um die anderen Schichten zu versorgen. Und, anders als die Förster: Wir haben kein Interesse daran, dass unsere Bäume möglichst schlank und hoch wachsen. Wir möchten an die Früchte und Blätter herankommen und brauchen demzufolge Bäume, die eher niedrig sind oder deren Früchte herunterfallen und dann gesammelt werden können. Es geht bei der Anlage eines Waldgartens also sehr um Licht und die Erntemöglichkeit der Früchte. Das Ergebnis wird tendenziell eine Pflanzung sein, bei der die Bäume doppelt so weit auseinanderstehen wie bei einer normalen Plantage. Dies wären bei einer Walnuss in der Plantage etwa 10–15 m, im Waldgarten eher 20–30 m. Nur so können wir eine zu dichte Struktur verhindern. Zwischen den großen Bäumen stehen dann wieder niedrigere Bäume und Sträucher. Gerade die Baumschicht sollte sehr sorgsam geplant werden. Naturbedingt ist dies die Schicht, die am ältesten wird. Wenn sich nach zehn Jahren zeigt, dass die Abstände nicht gut gewählt waren, müssen wir sonst die Bäume fällen, wenn sie gerade mit dem Hauptertrag beginnen würden.

Die wichtigsten Funktionen der Baumschicht sind:

- Windbrecher
- Erschließen der tieferen Bodenschichten
- lichter Schatten und Regulierung der Temperaturextreme
- Nistplatz für viele Vogelarten
- späte, aber lang anhaltende Ertragsphase

Die Strauchschicht

Die Schicht der Sträucher und Kleinbäume bildet so etwas wie einen breit angelegten Waldrand. Teilweise können die Sträucher auch unter Bäumen stehen, gerade wenn es sich um sehr lichte Bäume oder sehr schattenverträgliche Sträucher handelt.

Hier ist später auch das Design der Pflanzung in Bezug auf die Entwicklungszeit der Bäume von entscheidender Bedeutung. In den ersten Jahren sind die Bäume ja noch sehr klein und es erreicht noch jede Menge Licht den Boden. In dieser Phase können die Sträucher, die nur eine geringe Lebenserwartung haben, den Platz unter den Bäumen einnehmen, der zu einem späteren Zeitpunkt zu schattig wäre. Die Strauchschicht ist in der Regel sehr artenreich und beherbergt sowohl kurzlebige Arten wie die Himbeere als auch langlebigere wie die Kornelkirsche (die über 100 Jahre alt werden kann). Hier stellt sich also die Frage, wer an welchem Ort für welche Zeit stehen kann.

Rand eines Waldgartens mit unterschiedlichsten essbaren Sträuchern

Auch bei den Pflanzabständen der Sträucher müssen wir eventuell beachten, dass wir zwischen den Sträuchern wieder Platz für Gemüse frei halten, und wir sollten uns hier nicht von den Pflanzabständen einer Plantage leiten lassen. Optisch können wir uns die ersten beiden Schichten also vorstellen wie ein Auf und Ab von Bäumen und Sträuchern. Auf diese Weise erhalten wir eine reich gegliederte Pflanzung, bei der ausreichend Licht die Pflanzen erreicht.

Die wichtigsten Funktionen der Strauchschicht sind:
- Erschließen der oberen Bodenschichten
- Bedecken der großen Flächen
- vielfältige, schnelle Erträge

Die Krautschicht

Möglicherweise ist die Krautschicht die Ebene im Waldgarten, bei der wir am stärksten den Unterschied oder sogar Widerspruch zweier Waldgartenideen erleben. Vielfach wird ein Waldgarten beschrieben als ein sehr ertragreiches, aber extensives Garten- und Landwirtschaftsmodell. Wir sind mittlerweile der Ansicht, dass dies so für Mitteleuropa nicht zutrifft. Für die Tropen mag das gelten, bei uns müssen wir uns aber zwischen den beiden Anforderungen entscheiden. Entweder es ist sehr extensiv *oder* wir haben ein sehr ertragreiches System. Und den Unterschied macht die Nutzung der Krautschicht.

Intensive Nutzung der Krautschicht mit Gemüse

Wenn wir wirklich extensiv wirtschaften wollen, indem wir, ähnlich wie im Wald, der Sukzession ihren Lauf lassen, dann werden wir einen extensiven Obstwald mit nur zwei Ertragsebenen bekommen: die Baum- und die Strauchschicht. Ein sich nach der Pflanzung extensiv entwickelndes Gelände, welches einen nennenswerten Ertrag aus der Krautschicht liefert, wird es nicht geben. In jedem natürlichen System werden immer die Pflanzen, denen der Standort am meisten zusagt, die Flächen besiedeln und alle Arten zurückdrängen, die etwas weniger durchsetzungsstark oder angepasst sind. Wir können in dieser Ebene sicherlich auch Pflanzen wie Knoblauchsrauke, Giersch und Brennnessel (dazu kommen wir noch) ernten und in einem späteren Stadium kann es auch Schattenbereiche mit Bärlauch oder Straußenfarn geben. Aber dies werden ebenfalls eher extensive Nutzungen sein. Neben der theoretischen Erntemenge geht es bei den Erträgen immer auch um die Frage der Erntetechnik. Selbst wenn sich im Waldgarten eine Unmenge essbarer Pflanzen ansiedelt, ist eine realistische Ernte größerer Mengen erst gegeben, wenn die Pflanzen auch wie im Gemüsebeet auf die eine oder andere Art geordnet sind.

Die Knoblauchsrauke ist eine sehr leckere, extensiv genutzte Pflanze der Krautschicht.

Wollen wir den vollen Ertrag aus allen drei Schichten einfahren, wird dies nicht ohne eine relativ intensive Pflege und Bearbeitung der Krautschicht gehen. So, wie wir im Gemüsegarten auch nicht warten, was dort wachsen wird, pflegen und bepflanzen wir den Boden des Waldgartens. All dies spricht nicht gegen die extensive Anlage von Waldgärten. Unsere Erwartungen an den Mengenertrag sollten wir dann aber auch entsprechend senken.

Bleiben wir noch kurz bei der Frage der Bewirtschaftungsintensität. Ein Waldgarten sollte im Wesentlichen aus mehrjährigen Pflanzen bestehen – das wäre die auch in der Natur vorkommende Pflanzenauswahl. Je älter ein System ist, umso mehr ziehen sich die einjährigen Pflanzen zurück, da sie kaum noch offenen Boden finden, in denen ihre Samen keimen können. Die Einjährigen sind ganz typische Vertreter der offenen Böden. Für die Pflanzendynamik im Waldgarten können wir also überlegen, auch in der Krautschicht diesem Prinzip zu folgen. In den ersten Jahren hat jeder Waldgarten noch eine Unmenge an Licht, welches fast wie im Gemüsegarten den Boden erreicht. Entsprechend können die ersten Jahre ganz ähnlich wie ein Gemüsegarten betrachtet werden. Einjährige Pflanzen dominieren das System. Wie in jeder Pflanzendynamik werden sich aber immer mehr mehrjährige Pflanzen durchsetzen. Wir beginnen also, die einjährigen Gemüsepflanzen gegen mehrjährige Gemüse oder essbare Stauden auszutauschen. Bei der Wahl der Gehölze wird unser Augenmerk immer darauf liegen, wie groß sie werden und wie dicht wir sie demzufolge an die nächsten Gehölze pflanzen können. Bei der Bepflanzung der Krautschicht geht es hingegen ganz wesentlich um die Frage, wie durchsetzungsstark eine Pflanze ist. Wir können uns leicht vorstellen, dass die winzige Gemskresse keine Chance gegen einen Rhabarber hat und die rundblättrige Glockenblume keinen Ertrag zwischen der wuchernden Apfelminze liefern wird. Die Durchsetzungsstärke sollte also ähnlich sein oder muss von uns durch Barrieren, wie Wege, Rasenkanten, Gräben, Mulch, oder durch regelmäßige Pflegearbeiten hergestellt werden.

Dreijähriger Waldgarten auf dem Palkies-Hof in der Nähe von Bremen.
In diesem Fall gibt es keine nennenswerte Krautschicht, da hier Hühner gehalten werden.

Schattentolerante oder schattenliebende Stauden und Gemüse für die Krautschicht im bereits gut eingewachsenen Waldgarten

Wissenschaftlicher Name	Deutscher Name
Aegopodium podagraria	Giersch
Alliaria petiolata	Knoblauchsrauke
Allium sativum	Knoblauch
Allium ursinum	Bärlauch
Angelica sylvestris	Wald-Engelwurz
Beta vulgaris subsp. *vulgaris*	Mangold
Brassica oleracea var. *sabellica*	Grünkohl
Brassica rapa subsp. *chinensis*	Pak Choi
Chenopodium bonus-henricus	Guter Heinrich
Cochlearia officinalis	Löffelkraut
Crambe maritima	Echter Meerkohl
Hosta sieboldiana 'Big Daddy'	Blaublatt-Funkie
Lamium album	Weiße Taubnessel
Levisticum officinale	Liebstöckel
Matteuccia struthiopteris	Straußenfarn
Montia sibirica / perfoliata	Sibirischer Winterportulak / Winterpostelein
Myrrhis odorata	Süßdolde
Petasites japonicus ✱	Japanische Pestwurz
Plantago coronopus	Hirschhorn-Wegerich
Solanum tuberosum	Kartoffel
Spinacia oleracea	Spinat
Symphytum × uplandicum 'Bocking No. 4'	Speise-Beinwell

✱ potenziell invasiv

3

Waldgarten-Design

Volker Kranz

Vorbereitende Überlegungen

Wir haben für dieses Buch die unserer Ansicht nach wichtigsten Dinge zusammengetragen, die es braucht, um einen Waldgarten zu verstehen. Die für uns entscheidenden Punkte und Themen sind die, bei denen es darum geht, die Logik des Systems und unsere Herangehensweise zu vermitteln. Bei allen «Fachthemen», wie Gehölzschnitt, Bodenkunde usw., hätten wir auch noch ein paar Hundert Seiten schreiben können. Aber die gibt es ja bereits: in entsprechenden Fachbüchern, auf die wir später hinweisen. Die Spezialisten unter den Lesern mögen es uns auch verzeihen, wenn wir manche Fachthemen herunterbrechen und etwas leichter verdaulich gemacht haben: Wichtig ist uns, ein grundsätzliches Verständnis zu schaffen und entsprechende Handlungsempfehlungen für die Waldgarten-Arbeit zu geben.

Wirtschaftssystem oder Privatgarten?

Ein ganz wesentliches Kriterium für die Gestaltung des Systems ist die Frage nach dem wirtschaftlichen Status des Projektes. Wollen wir einen Betrieb aufbauen, mit einem Waldgarten als Wirtschaftssystem? Oder geht es um eine Anlage zur Selbstversorgung sowie um den Ertrag in Form von Schönheit und Aufenthaltsqualität?

Wir wollen aufzeigen, welche unterschiedlichen Überlegungen es bei der Wahl des Systemdesigns gibt – ob für ein Wirtschaftssystem oder einen privaten Waldgarten.

Waldgärten als großflächige Produktionssysteme

In den gemäßigten Breiten finden sich bislang so gut wie keine großflächigen Produktionssysteme in Form von Waldgärten. Was sich derzeit eher durchsetzt, ist die Agroforstwirtschaft auf großen Flächen. Das liegt unter anderem an der Gesetzeslage und auch an der Erntetechnik: Weder in der Landwirtschaft noch in der Forstwirtschaft haben Waldgärten bisher Berücksichtigung gefunden. Die Forstwirtschaft dient seit Langem in erster Linie der Holzproduktion, und für einen landwirtschaftlichen Betrieb braucht es Weide- oder Ackerflächen. Dass es Systeme geben kann, die wesentlich auf einer vielgestaltigen Gehölzstruktur basieren, daran war bislang nicht zu denken. Entsprechend haben sich alle Förderrichtlinien und Gesetze in diesem Bereich auf die Strukturen Forst, Weide und Acker bezogen. Schon bei der Konzeptionierung stellt sich also die Frage nach dem Status: Nach heutigem Stand der Rechtsprechung kann ein Waldgarten kein Wald oder Forst sein, da wir nicht im Wesentlichen mit einem Holzertrag arbeiten. Er kann auch keine Weide sein, da wir dann nur wenige Bäume hätten und somit von einem Agroforstmodell sprechen würden. Es bleibt eigentlich nur der Acker. Es gibt, wie gesagt, noch keine eindeutige gesetzliche Regelung hierzu und die Diskussion um gehölzbasierte Systeme ist derzeit sehr dynamisch.

Wir verfolgen bei unseren Planungen derzeit folgende Strategie: Auf einer Ackerfläche darf ein Landwirt nicht nur Getreide anbauen, sondern auch sogenannte Sonderkulturen wie Beerenobst, Wein und Kiwi, Obstbäume und Gemüse. Also genau die Kulturen, die wir in einem Waldgarten haben wollen. Das Problem besteht in erster Linie in der Dauerhaftigkeit des Systems, welches wir mit einem Waldgarten anlegen wollen. Alle konventionellen Beerenobstanlagen und Obstkulturen werden alle paar Jahre durch neue Pflanzen ersetzt. Die Standzeiten der meisten Kulturen liegen zwischen 8 und 15 (oder max. 20) Jahren. Danach gehen die Erträge zurück, die Flächen werden gerodet und wieder neu aufgepflanzt. So kann nie ein Wald entstehen und wir behalten den Ackerstatus. Denn ein Acker darf nicht

«Eemvallei Zuid» – ein gelungener öffentlicher Waldgarten

Das 30 ha große Waldgartenprojekt «Eemvallei Zuid» in den Niederlanden ist ein Beispiel für die Kombination aus Wirtschaftssystem, Selbstversorgung und öffentlicher Grünanlage. In Almere, 30 km östlich von Amsterdam, entsteht ein großer Waldgarten als Teil einer 50 ha großen Gesamtfläche mit Wohnen, Naturerlebnis, biologischer Landwirtschaft und Biodiversität. Im Zentrum der Anlage steht der große Waldgarten, der alles verbindet.
In dieser Größenordnung dürfte das Projekt bislang einzigartig in Europa sein. Aber nicht nur die Größe, auch die Beteiligung sehr unterschiedlicher Institutionen ist bemerkenswert. Der Landkreis Flevoland, welcher das Projekt initiierte, hat verschiedene Instanzen an einen Tisch gebracht, die vorher noch nicht miteinander zusammengearbeitet hatten:

- Staatsbosbeheer (staatliche Forstverwaltung der Niederlande)
- Stichting Voedselbosbouw Nederland (Verbund von Waldgärtnern)
- Stichting Het Buytenwold (Naturspielplatz)
- Natuurboerderij Vliervelden (Bio-Bauernhof)

Die Infrastruktur des Geländes besteht aus einem Wegesystem, Teichen und Entwässerungsgräben. In dieser Struktur befinden sich unterschiedliche Zonen, in denen Wohnhäuser sowie der Bauernhof erstellt werden. Da der Boden noch nicht gut entwickelt ist, werden in der ersten Phase viele Pionierpflanzen sowie Pappeln als Windbrecher gepflanzt, um den Humusaufbau zu fördern und das Kleinklima zu verbessern.
Die Pionierpflanzen werden nach der ersten Etablierungsphase nach und nach entnommen und durch die neuen Arten des Waldgartens ersetzt. Nach dem Ende der dreijährigen Pflanzphase sollen 200–240 unterschiedliche Pflanzenarten den Waldgarten besiedeln.
In den ersten zehn Jahren unterstützt die Provinz den Waldgarten finanziell. Danach soll sich der Waldgarten unter anderem durch eigene Erträge selbst tragen.

Die «Green Deal Voedselbossen» (eine Kooperation zwischen Stiftung Waldgarten, öffentlichen, landwirtschaftlichen und wissenschaftlichen Instanzen) hat mit diesem Projekt einen realistischen Feldversuch geschaffen, in dem alle relevanten Aspekte eines Waldgartendesigns wissenschaftlich erforscht werden können. Denn auch in den Niederlanden herrscht noch keine Einigkeit darüber, inwieweit der Waldgarten ein Ersatz für die traditionelle Landwirtschaft sein kann.
Ein Meilenstein für den Waldgartengedanken ist aber bereits geschafft: Die niederländische Volksvertretung hat das Modell Waldgarten als vollwertige Landwirtschaft anerkannt. In einer Erklärung beschreibt die Regierung den Waldgarten als eine Verbindung zwischen Natur und Landwirtschaft mit einer hohen Biodiversität. In diesem Feldversuch wird nun auch die Wirtschaftlichkeit eines solchen Waldgartens untersucht.

dauerhaft mit Gehölzen bestanden sein. Da bei einem Waldgarten ebenfalls diese Dynamiken bestehen (können), ist also folgender Ansatz denkbar: Wir bauen den Waldgarten mit bis zu 100 Bäumen pro Hektar auf, also mit dem Baumanteil, der im Agroforst noch als Strukturpflanzung im Acker mit einer wesentlichen Nutzung als Ackerfläche gelten würde. Der Rest des Systems müsste dann so gestaltet werden, dass das Beerenobst spätestens alle 20 Jahre einmal erneuert wird, was für die allermeisten Kulturen auch sinnvoll ist. Nach heutiger Rechtsprechung müsste ein so auf einer Ackerfläche angelegter Waldgarten genehmigungsfähig sein.

Die Ernte ist der nächste wichtige Punkt, besonders in großen Waldgärten.

Auf einem Hektar können wir sicherlich noch in einem sehr vielfältigen Selbstversorgersystem die Produkte mit der Hand ernten – bei 10 ha ist dies dann aber unrealistisch. Da 10 ha auch nicht mehr von einer Person geerntet werden können, müssen die Strukturen außerdem sehr übersichtlich und klar gegliedert werden, damit auch Erntehelfer oder Selbstpflücker erkennen können, wo was geerntet werden soll. Halten wir uns noch einmal die Grundidee des Waldgartens vor Augen: Das Ziel ist eine Anlage mit vielen Arten, Altersgruppen und vielfältigen Strukturen. Bei kluger Planung ist das unserer Erfahrung nach auch in großen Anlagen möglich.

Im Privatgarten ist die Erntezeit in der Regel nicht so relevant, bei einem Wirtschaftssystem ist dies jedoch ein entscheidender Faktor. Es bedarf hier einer klareren Gliederung der Kulturen – etwa als Reihenverbände in den Beerenobstkulturen. In den Beerenobstkulturen kann man Bauminseln z. B. mit Nussbäumen anlegen.

Ähnlich wie in einer natürlichen Waldentwicklung würden immer wieder Bereiche mit relativ kurzlebigen Arten zusammengefasst werden, die z. B. alle 8 Jahre erneuert und dann mit langlebigeren Arten wieder aufgepflanzt werden. Nach 20 Jahren werden die Bereiche, die bislang von langlebigeren Arten dominiert wurden, gerodet und durch neue, kurzlebigere Arten ersetzt. In allen Neupflanzungen besteht die Möglichkeit, Erdbeeren oder Gemüse als Zwischennutzung einzubauen.

Kultur-Heidelbeeren sind eine ertragreiche Strauchkultur, wenn der Standort richtig gewählt ist.

So entsteht eine strukturreiche Gehölzlandschaft, die die unterschiedlichen Sukzessionsphasen der Natur abbildet. Der Schwerpunkt eines solchen Systems wird bei der Erntetechnik, der Vermarktung und letztendlich auch der reduzierten Artenzahl liegen. Auch wenn theoretisch 1200 Arten in unseren Breiten angebaut werden können – realistisch für einen Wirtschaftsbetrieb sind wahrscheinlich eher 30–100 vertriebsfähige Arten. Das klingt vielleicht nach einer Reduktion, die nicht im Sinne der Idee ist. Aber auch mit diesem Artenspektrum liegen wir meilenweit über einer normalen Obstanlage, die meist unter 10 Arten aufweist. Zu den Arten, die im System geerntet werden, kommen natürlich noch weitere, die das System stützen, indem sie Windschutz, Stickstoffzufuhr oder Mulchmaterial bereitstellen.

Interessant ist die Statistik zum Obstanbau in Deutschland. Derzeit werden in Deutschland lediglich 22 % (2018/2019) der benötigten Obstmenge angebaut, der Rest wird importiert. Beim Anbau spielen Äpfel, Pflaumen und Johannisbeeren eine größere Rolle (jeweils 40–60 %), mit Beerenobst versorgen wir uns derzeit lediglich mit 6 %, alles andere wird aus dem Ausland zugekauft.

Manchmal geht sogar den Herstellern von Fruchtaufstrichen das Material aus.

An landwirtschaftlichen Ertragssystemen forscht seit 2019 das Brandenburger Projekt «Waldgartensysteme als insektenfördernde, landwirtschaftliche Produktionsmethode – Insektenlebensräume und Strukturvielfalt in der Agrarlandschaft schaffen (WASYS)», welches als Modellvorhaben vom Bundesamt für Naturschutz gefördert wird. Der Verein «Stattwerke e.V.» betreut und entwickelt die Flächen.

Waldgärten für die private Nutzung

Während im Wirtschaftsbetrieb ein Fokus auf vermarktungsfähigen Mengen liegt, versuchen wir große Erntemengen der gleichen Art im Privatgarten eher zu vermeiden. Ein privater oder auch öffentlicher Garten kann mit einer sehr vielfältigen Struktur und Artenzahl sehr gut arbeiten. Die höhere Anzahl der Arten und Sorten ist grundsätzlich förderlich, da sich so Erntespitzen in die Länge ziehen lassen und das System insgesamt resilienter wird. Wir kennen alle die Problematik der Zucchinischwemme im Garten – dies sollte sich nach Möglichkeit im Waldgarten nicht wiederholen. Wir streben hier keinen Verkauf an, bei dem wir eher eine große Menge derselben Art vermarkten wollen. Als Selbstversorger müssen wir alle Produkte direkt verzehren, verarbeiten oder konservieren, was bei großen Mengen schwierig werden könnte, wenn wir nicht Saft machen oder größere Mengen trocknen können. Bei privaten Anlagen wird vermutlich auch die Frage nach der Ästhetik und Aufenthaltsqualität stärker bewertet werden als im Wirtschaftsbetrieb: geschwungene Formen, Höhenunterschiede, sonnige oder romantische schattige Plätze an heißen Tagen, rankender Wein im Pfirsichbaum. Erholung und Genuss haben sicherlich einen hohen Stellenwert.

Kürbis und Wein ranken in einem Pfirsichbaum – eine komplexe Pflanzsituation, die einen guten Blick für Kombinationen braucht.

Kleine Anlagen haben gegenüber großen Projekten mit mehreren Hektar Land den Vorteil, dass sie in aller Regel keine rechtlichen Auflagen befolgen müssen, da sie sich oft als Hausgärten angliedern und als solche gewertet werden.

Wenn wir uns mit dem Anbau von Nahrungsmitteln für den eigenen Verbrauch beschäftigen, benötigen wir natürlich eine ungefähre Vorstellung davon, wie viel Fläche hierfür notwendig ist. Aus dem Gemüsebau gibt es hierzu eine sehr gute Datengrundlage. Je nach Standort, Boden und den Fähigkeiten der Bewirtschafter benötigen wir zur Gemüseselbstversorgung etwa 80 m² pro Person. Kommen noch Kartoffeln dazu, erhöht sich der Flächenbedarf auf etwa 150 m². Zu einer Polykultur wie einem Waldgarten gibt es derzeit in Mitteleuropa keine verlässlichen Daten. Die Systeme sind zu unterschiedlich und es gibt nur sehr wenige Personen, die sich die Mühe gemacht haben, ihre Erträge in Summe aufzulisten. Einen richtigen Glücksgriff hat der Gartenbauingenieur Volker Croy gemacht.

Lichtungsgarten in Dresden

Er fand einen 1000 m² großen Garten in Dresden, bei dem die Betreiber über 35 Jahre akribisch jeden Ertrag aufgelistet haben. Der Garten ist kein klassischer Waldgarten oder zumindest nicht als solcher angelegt, aber die Struktur, die Vielgestaltigkeit und der Baumanteil ähneln sehr stark diesem Prinzip. Ursprünglich war der Garten ein verwilderter Kleingarten, den sich ein Ehepaar wiederaufgebaut hat. Die Bepflanzung mit Bäumen, wie Walnuss, Pflaume und Kirsche, stammt noch aus den 1960er-Jahren, im Laufe der Zeit wurden immer wieder Gehölze gepflanzt und auch beseitigt. Unter den Bäumen wurde Gemüse angebaut, an sehr schattigen Stellen auch Schnittblumen für den Verkauf.

Der «Lichtungsgarten» mit seiner Flächenaufteilung. Gelb sind die Staudenbeete, grün die Gemüsebeete und brombeerfarben sind die Beerenobstflächen. Wir sehen schon auf dem Plan, dass es einen recht großen Gehölzbestand gibt.

Um für eine Vorstellung davon zu bekommen, wieviel Fläche welche Erträge im Durchschnitt bringt, haben wir einmal die Flächen und die Pflanzen aufgelistet. Die Erträge wurden im Wesentlichen übrigens konventionell gewonnen – 50 kg Blaukorn pro Jahr dienten neben Kompost als Düngergabe.

Die Flächenaufteilung:
Gesamtgröße: ca. 1000 m²
Beetfläche: ca. 130 m² Gemüsebeet, 100 m² Beerenobst, 450 m² Obstbäume, Stauden und Schnittblumen
Treibhaus: 15 m²
Kalthaus: 11 m²
Der Rest (ca. 250 m²) sind Gebäude und Wege.

In dem Garten standen im Durchschnitt etwa: 37 Bäume, 32 Obststräucher, 24 m Himbeeren, 50 Ziersträucher, 300 Stauden und 500 Zwiebeln.

Die Obstgehölze im Einzelnen: 4 Äpfel, 3 Birnen, 12 Pflaumen, 1 Quitte, 2 Walnüsse, 2 Haselnüsse, 7 Pfirsiche, 1 Aprikose, 2 Süßkirschen, 2 Sauerkirschen, 12 Johannisbeeren, 5 Stachelbeeren, 3 Kiwis, 24 m Himbeeren, 6 Brombeeren, 1 Mahonie, 3 japanische Quitten und 2 Apfelbeeren.

Die Erträge:
Wenn wir die Erträge über 30 Jahre mitteln, wurden jährlich etwa 350 kg Gemüse und 640 kg Obst

geerntet. Die Durchschnittserträge blieben über die Jahrzehnte sehr konstant, die jährlichen Erträge waren aber sehr unterschiedlich. Dies hat sicherlich mit dem Jahresklima, Spätfrösten und vielleicht auch hin und wieder mit dem persönlichen Einsatz zu tun Das besonders schlechte Jahr 2002 herausgenommen, lag die durchschnittliche Obsternte bei 400 kg und der Gemüseertrag bei 600 kg im Jahr.

In den sehr guten Jahren lag das Obst auch schon mal bei 1000 kg und das Gemüse bei über 600 kg. Für wie viele Personen so ein Garten ausreichen würde, kommt natürlich sehr auf die Art der Ernährung an. Englische Wissenschaftler empfahlen 2017, dass wir für eine gesunde Ernährung etwa 290 kg Obst und Gemüse pro Jahr essen sollten.

Tomaten sind die Sonnenanbeter, die nur im Anfangsstadium des Waldgartens gedeihen.

Hierbei liegt der Gemüseanteil etwas über dem Obstanteil. Rechnerisch hätte der beschriebene Garten also drei Personen ganzjährig mit Gemüse und Obst versorgen können, wobei es nach dieser Rechnung sogar noch einen Obstüberschuss gab.

Der durchschnittliche Gemüseverbrauch in Deutschland liegt allerdings deutlich unter diesen Zahlen. Für 2019 gibt das Statistische Bundesamt etwa 100 kg Gemüse, 55 kg Kartoffeln und 73 kg Obst an.

CHECK-BOX: Planung

Je nachdem, ob wir ein Wirtschaftssystem oder Eigenverwertung anstreben, sind sehr unterschiedliche Fragen relevant. Wir haben hier ein paar Kernfragen zusammengetragen, die für so eine Entscheidung wichtig sein könnten. Die konkreten Anbaubedingungen wie Boden, Klima usw. haben wir hier nicht berücksichtigt.

Wirtschaftssystem

Ackerstatus – Behalte ich durch den Anbau die Klassifizierung als Ackerfläche oder Weideland bei? Muss ich ggf. eine Flächenumwandelung beantragen?

Förderprogramme – Schränkt der Anbau die Teilnahme an Förderprogrammen und Flächenprämien ein?

Erntetechniken – Habe ich mein System so gestaltet, dass eine einfache Ernte und ggf. Pflanzenschutzmaßnahmen möglich sind?

Projektgröße – Hat mein Projekt die richtige Flächengröße? Wieviel kann ich ernten und vermarkten? Habe ich ein System, welches von Anfang an Erträge generiert?

Vermarktung – Habe ich die Pflanzenarten so ausgewählt, dass ich die Ernte gut vermarkten kann? Habe ich Erntespitzen vermieden? Sind ausreichend Lager- oder Verarbeitungsmöglichkeiten vorhanden?

Eigenverwertung

Erträge – Wie viel Fläche benötige ich wirklich für eine ausreichende Ernte? Möchte ich ein System, welches zuverlässig Erträge liefert, oder eher einen Naschgarten, an dem ich mich erfreue, ohne bestimmte Erträge zu erwarten.

Ernte – Sind die Erträge so hoch, dass ich sie problemlos ernten und verarbeiten kann? Oder stresst mich nachher das Projekt, weil ich mit dem Ernten nicht hinterherkomme?

Verarbeitung – Kann ich auch größere Mengen Obst so einlagern, dass es Sinn macht? Passen Lagerflächen und Verarbeitungsküche von der Größe her? Oder will ich im Wesentlichen nur frische Produkte direkt verwerten?

Struktur – Wenn ich meine Prioritäten im Leben später einmal anders setze, ist der Waldgarten dann so angelegt, dass er auch einfach ein schöner Ort sein wird?

Rechtliche Aspekte

Die folgende Auflistung soll einen groben Überblick über den rechtlichen Rahmen in Deutschland geben, in dem wir uns bei der Planung von Waldgärten bewegen. In Österreich und der Schweiz sind die Gesetze teilweise ähnlich. Es kommt vor, dass sich jemand ein Stück Land oder einen Hof kauft, um sich dort seinen Traum vom Waldgarten zu erfüllen, und dann aber feststellen muss, dass dies an diesem Ort nicht genehmigungsfähig ist. Eine Wiese lässt sich nicht so einfach in einen Waldgarten umwandeln, und auch ein Wald kann in der Regel kein Waldgarten werden.

Auf etwa 45 % der Flächen in Deutschland gibt es Naturschutzvorgaben oder Nutzungseinschränkungen, z. B. aufgrund von Boden- oder Trinkwasserschutz und Waldgesetzen. Diese Regelungen sind auch aus Sicht der Permakultur häufig sinnvoll, schränken uns in der Planung aber teilweise ein.

Neben den hier genannten Aspekten gibt es natürlich noch viele andere Vorschriften und Gesetze, die möglicherweise zum Tragen kommen. Themen wie Düngemittelverordnung, Altlasten und Artenschutz sind individuell zu prüfen und gegebenenfalls zu berücksichtigen. Da es in diesem Buch in erster Linie um die Frage des Geländedesigns gehen soll, gehen wir auf diese Spezialthemen an dieser Stelle nicht weiter ein, wollen aber für die Wichtigkeit des rechtlichen Rahmens sensibilisieren. Viele der Gesetze (z. B. das gesamte Baurecht) sind in Deutschland Länderrecht und daher teilweise sehr unterschiedlich.

Für eine Pflanzung von Indianerbananen und Kultur-Heidelbeeren wird eine Mulde im Garten ausgehoben, die gleichzeitig als Retentionsmulde bei starken Regenfällen dient. Ein Eingriff, der im Hausgarten keinerlei Genehmigung bedarf.

Die Bestimmungen für einzelne Flächen

Umnutzungen. Wenn wir auf einem Gelände eine andere Art der Nutzung herstellen wollen, bedarf dies häufig einer Genehmigung. Besonders schwierig werden Umnutzungen, wenn sie in Schutzgebieten liegen. Generell gilt: Eine Veränderung in Richtung einer ökologisch wertvolleren Nutzung, also Acker in Wiese oder Wiese in Wald, ist einfacher als umgekehrt.

Wichtig bei allen Vorhaben ist zunächst die Unterscheidung in private Nutzung, Siedlungsraum oder förderfähige landwirtschaftliche Fläche für Vollerwerbslandwirte.

Um festzustellen, welche Nutzungen möglich sind, und um einen Umnutzungsantrag zu stellen, ist bei Flächen, für die (landwirtschaftliche) Flächenprämien gezahlt werden, die Landwirtschaftskammer zuständig. Wenn es keine Prämien gibt, sind die Landkreise mit ihren Fachbehörden zuständig, also untere Naturschutzbehörde, untere Wasserbehörde usw.

Hausgärten. In aller Regel haben Grundstücke, die wir als Hausgarten betrachten würden, keine Nutzungsbeschränkung. In einem Hausgarten darf normalerweise gepflanzt werden, was wir wollen. Bei der privaten Nutzung z. B. ehemaliger landwirtschaftlicher Flächen als Gartenland mit Baumpflanzungen gibt es ebenfalls kaum Einschränkungen.

Doch gilt es hier das Nachbarschaftsrecht zu beachten. Fast jedes Bundesland regelt darüber die Grenzabstände für Bäume und Sträucher. Manchmal gibt es aber auch Fälle, bei denen der Hausgarten im Wald liegt und (rein rechtlich) eigentlich keinen Rasen und keine Ziersträucher, sondern nur forsttypische Gehölze beherbergen darf. Oder der vermeintliche Hausgarten wird im hinteren Teil zum planerischen Außenbereich – also der natürlichen Landschaft, die wir nicht ohne Weiteres durch das Anlegen z. B. von Teichen verändern dürfen.

Landwirtschaftliche Flächen. Bei allen landwirtschaftlichen Flächen ist in der Regel definiert, wie sie genutzt werden dürfen.

Grundsätzlich ist jede Form der landwirtschaftlichen Nutzung festgelegt und darf nicht ohne Weiteres verändert werden. Ein Acker bleibt ein Acker, eine Wiese eine Wiese. Wir dürfen nicht einfach die Wiese umbrechen und mit Gemüse und Bäumen bepflanzen. Wichtig ist, dass die Ursprungsnutzung, also Weide oder Acker, erhalten bleibt. Wir dürfen also z. B. Obstbäume auf eine Wiese pflanzen, um eine Streuobstwiese zu erhalten. Die Nutzung als Wiese bleibt dann bestehen. Ausnahmen von dieser Regel kann es geben, wenn die Wiesen offenbleiben müssen, da es wichtige Brutgebiete für Wiesenvögel sind oder seltene Orchideen hier wachsen. Hier gibt die untere Naturschutzbehörde gerne Auskunft.

Wenn es nicht um die Umwandlung von umweltsensiblem Dauergrünland geht, können wir auch auf anderen Flächen neues Dauergrünland anlegen und unsere Wiesen in einen Waldgarten umwandeln. Ein Flächentausch ist also möglich, muss aber ebenfalls beantragt werden.

Eine eher ungewöhnliche Mischung: Kartoffelanbau in Kombination mit Walnüssen. Der Ackerstatus bleibt auf jeden Fall erhalten.

Selbiges gilt für eine Ackerfläche: Wer einige Bäume auf seinen Acker pflanzt, kann dort immer noch Ackerbau betreiben. Eine Faustregel ist: Wenn die Bäume weniger als 30 % der Fläche oder 100 Bäume/ha einnehmen, bleibt der Ackerstatus erhalten.

Ackerland in Sonderkulturen, wie Spargel, Obststräucher, Apfelbäume usw., umzuwandeln, ist kein Problem, da es sich hierbei auch um landwirtschaftliche Kulturen handelt. Wir können also auch einen kompletten Acker mit Gehölzen bepflanzen, ohne dass daraus rechtlich ein Wald wird. Voraussetzung ist, dass wir 70 % der Gehölze (wie bei einer Obstplantage) spätestens alle 20 Jahre beseitigen. Sonst würde daraus ein Wald.

Wald, Forst und Streuobstwiesen. Ein Wald darf nur mit heimischen, standorttypischen Gehölzen und mit «forsttypischen Gehölzen» bepflanzt werden. Hier geht es also primär um Bäume, die zum Holzerwerb geeignet sind. Walnüsse, Wildkirschen, Speierling oder Esskastanie sind erlaubt, Ertragssorten von Himbeeren, Szechuanpfeffer oder Felsenbirnen hingegen nicht. Ausnahmen sind teilweise möglich, bedürfen aber der Absprache und Genehmigung durch die Naturschutzbehörden und dem Forstamt. Einige Aspekte hierzu finden sich im Kapitel über die unterschiedlichen Standorttypen.

Eine Umwandlung von Acker oder Wiese in Wald ist genehmigungspflichtig. Als Wald bezeichnet wird eine Fläche ab 0,2 ha, in der ein sogenanntes Waldinnenklima entstehen kann. Eine 2000 m lange und 1 m breite Hecke ist also kein Wald, weil dort kein Waldinnenklima entstehen kann. Auch Lichtungen gehören übrigens zum Wald, selbst kniehohe Verbuschungen.

Pflaumenbäume in einem Wald an einer ehemaligen sowjetischen Militäranlage in Mecklenburg

Streuobstwiesen sind in den meisten Bundesländern geschützte Landschaftsbestandteile. Hier will der Gesetzgeber ein bestimmtes Landschaftsbild erhalten. Zu einer Streuobstwiese gehören durchaus auch einzelne Buschgruppen oder eine Hecke. Eine vollständige Unterpflanzung ist aber in der Regel nicht zulässig.

Der Kauf von Land

Wer sich als Nicht-Landwirt einen Acker oder eine Wiese kaufen möchte, kann dies nicht ohne Weiteres tun. Das Grundstücksverkehrsgesetz regelt, dass bei landwirtschaftlichen Flächen ein Verkauf von der Behörde genehmigt werden muss, um die weitere landwirtschaftliche Nutzung zu gewährleisten («Bauernland in Bauernhand»). Der Gesetzgeber möchte verhindern, dass den Landwirten die Existenzgrundlage entzogen und der Bevölkerung die Lebensmittelsicherheit genommen wird, indem landwirtschaftliche Flächen zu anderen Zwecken verkauft und umgewidmet werden. Es wird aber immer mehr zur gängigen Praxis, dass auch Nebenerwerbslandwirte eine Genehmigung erhalten, ursprünglich sollten die Flächen immer an Vollerwerbslandwirte gehen. Je nach Bundesland gibt es Freigrenzen, die zwischen 0,5 und 2 ha liegen. Eine Genehmigung zum Erwerb wird bei den Landwirtschaftsbehörden beantragt.

Lage in der Topografie

Beginnen wir die Waldgarten-Planung mit der Frage, wie sich der Standort auf unseren Waldgarten auswirkt. Eine wesentliche Einflussgröße ist das Kleinklima bei der Wahl des Standortes. Liegt der Platz am Hang eines Hügels, auf der Hügelkuppe oder im Tal?

Im folgenden Schema sehen wir, wie unterschiedlich das Klima im Winterhalbjahr in Abhängigkeit von der Topografie ist.

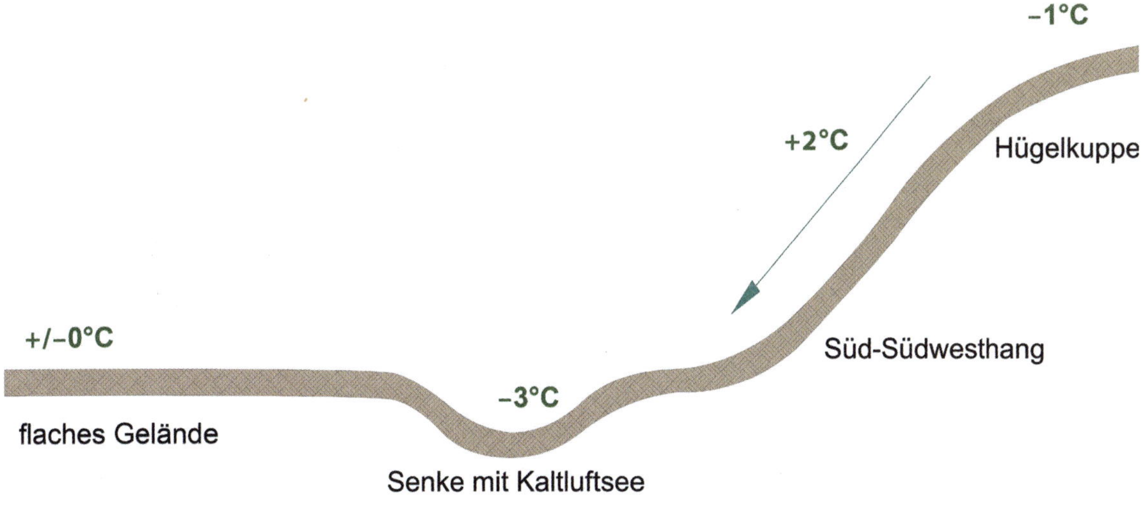

Unterschiedliche Temperaturen in Abhängigkeit von der Topografie

Wenn wir bei einem ebenen Gelände 0 °C annehmen, dann erreichte die Temperatur an einem Südwesthang etwa +2 °C, während die kalte Luft nach unten in das Tal fließt, sich dort sammelt und einen Kaltluftsee bildet, der in unserem Beispiel −3 °C kalt wäre. Hier steht sehr lange der Frost und verzögert den Vegetationsbeginn. Ein Augenmerk sollte also darauf liegen, wo sich Kaltluftseen im Gelände bilden. Der Temperaturunterschied auf einem Grundstück kann allein aufgrund der Topografie etwa 5 °C zwischen Tallage und Hanglage betragen.

Der Hof auf der rechten Seite liegt in einer deutlich wärmeren Zone, da die Kaltluft gut abfließen kann.

Bei den beiden in der Abbildung gezeigten Höfen im Berchtesgadener Land ließ sich ein solcher Temperaturunterschied messen. In diesem Fall entstand der Kaltluftsee durch einen Nadelwald, obwohl der Hof links nicht im Tal liegt. Kalte Luft bewegt sich im Gelände wie zäher Honig, sie fließt langsam nach unten ins Tal oder bleibt in Mulden oder vor sehr dichten Pflanzungen liegen. Wenn wir eine sehr dichte Hecke oder einen dichten Wald entlang einer Höhenlinie am Hang anlegen, kann dies dazu führen, dass sich die kalte Luft an der hangaufwärts gelegenen Seite der Gehölze aufstaut. Wir haben dann durch die Pflanzung den Abfluss der Kaltluft verhindert. Hier sollten wir also lieber zusehen, dass die Pflanzung Lücken enthält, durch die die Kaltluft abfließt. Wenn ein Gebäude am Hang steht, können wir durch eine keilförmige Pflanzung oberhalb des Gebäudes dafür sorgen, dass die kalte Luft links und rechts an dem Gebäude vorbei ins Tal fließt.

Guter Boden, schlechter Boden

Die Grundlage einer jeden Pflanzung ist der Boden. Er bestimmt ganz wesentlich, welche Pflanzen hier gedeihen, ob es einen guten Ertrag geben wird und ob die Pflanze gesund bleibt. Wir sollten uns darüber im Klaren sein, dass es keinen «guten» Boden für einen Waldgarten gibt. Alle Böden sind gute Böden. Schauen wir uns einmal in der Natur um: Ob es Sandböden, Moorböden, Felslandschaften oder Tonböden sind – Gehölze wachsen immer.

Der Boden dieser Landschaft auf Teneriffa besteht nur aus Lava und Geröll – die Bäume wachsen trotzdem. Allerdings brauchen sie – wie auf der rechten Hangseite – ein bisschen Luftfeuchtigkeit, die hier vom Meer kommend abregnet.

Da wir bei einem Waldgarten nicht von einer so kleinen Fläche wie bei einem Gemüsegarten sprechen, ist es recht schwierig, den pH-Wert, die Bodenfeuchtigkeit oder die Bodenart im Vorfeld zu verändern. Im Garten lässt sich ein spezielles Moorbeet oder ein Kalkmagerrasen anlegen, auch wenn der Ausgangsboden eher ein guter Humusboden ist. Theoretisch können wir dies natürlich auch bei großen Flächen wie einem Waldgarten, aber macht so ein Eingriff Sinn? Sinnvoller ist es, für diesen Standort geeignete Pflanzen herauszusuchen. Die Natur hat sich zum Glück ausreichend Gedanken gemacht und stellt uns ein entsprechendes Repertoire zur Verfügung. Aufpassen müssen wir insbesondere bei Böden, die extreme Bedingungen, wie Verdichtung, Staunässe und mangelnde Wasserhaltefähigkeit, haben. Hier müssen die Pflanzen mit besonderer Sorgfalt ausgesucht werden. Um den Boden etwas besser einschätzen zu können, sollten wir uns die Daten über Grundwasserstände und Bodentypen beschaffen, die in den meisten Gebieten auf sogenannten Geoportalen von den Ländern online zur Verfügung gestellt werden.

Dann sollten wir im Gelände einmal Löcher graben, ca. 1 m tief. Wir bekommen dadurch einen Eindruck, wie die für uns relevanten Bodenschichten aufgebaut sind. Manchmal sind die Bedingungen auch innerhalb eines Geländes sehr unterschiedlich. Insbesondere, wenn es Höhenunterschiede gibt. Dann sind die Böden im Tal meist humoser als am Hang, da der Regen den Humus langsam nach unten schwemmt. In diesem Fall sollten wir also durchaus mehrere Löcher graben.

Die Art des Bodens lässt sich häufig auch durch Zeigerpflanzen bestimmen. Manche Pflanzen wachsen nur unter bestimmten Bedingungen (während es anderen Pflanzen manchmal vollkommen egal zu sein scheint). Finden wir viele Brennnesseln, ist der Boden nährstoffreich, wächst viel Huflattich, herrscht Staunässe vor.

Zeigerpflanzen (Quelle: www.plantopedia.de)

Nährstoffreich	Nährstoffarm	Sandgehalt	Humusgehalt	Staunässe	Trocken	Verdichtete Böden
Brennnessel	Scharfer Mauerpfeffer	Wilde Möhre	Giersch	Kohldistel	Acker-Hohlzahn	Breit-Wegerich
Holunder	Behaarter Klappertopf	Sand-Thymian	Taubnesseln	Trollblume	Weiße Lichtnelke	Löwenzahn
Brombeeren	Hungerblümchen	Kleiner Sauerampfer	Brennnessel	Gewöhnliche Braunelle	Färberkamille	Kletten-Labkraut
Acker-Kratzdistel	Geruchlose Kamille	Klatsch-Mohn	Vogelmiere	Mädesüß	Storchschnabel	Beinwell

Alkalisch	Sauer	Kalkhaltig	Kalium	Lehm	Staunässe	Schwer-metalle	Salz
Acker-Senf	Besen-heide	Hohler Lerchen-sporn	Bärenklau	Acker-Kratzdistel	Huflattich	Welsches Weidel-gras	Salz-Schlick-gras
Nickende Distel	Hunds-kamillen	Echter Seidelbast	Roter Fingerhut	Strahllose Kamille	Gänse-Finger-kraut	Galmei-Veilchen	Strand-Aster
Gamander-Ehrenpreis	Gänse-blümchen	Kuhschelle	Liegendes Mastkraut	Vogel-knöterich	Acker-Schachtel-halm	Wiesen-Schaum-kresse	Queller
Echter Wundklee	Mager-wiesen-Margerite	Acker-Ritter-sporn		Königs-kerzen	Großer Wiesen-knopf	Gewöhn-liches Leimkraut	Portulak-Keilmelde

Ob es sinnvoll ist, eine Bodenprobe zu nehmen, kommt sehr darauf an, welche Information uns weiterhilft. Es macht in der Regel keinen Sinn, den Boden allgemein nach Schadstoffen untersuchen zu lassen. Ein Bodenlabor wüsste gar nicht, wonach es denn suchen sollte, es braucht einen Anfangsverdacht, um die Suche einzugrenzen. Inwieweit die Bäume später überhaupt Schadstoffe aufnehmen, ist bislang kaum erforscht. Bei Gemüse hingegen gibt es dazu ausreichende Untersuchungen. Sinnvoll hingegen ist die pH-Wertmessung, da viele Pflanzen durchaus empfindlich reagieren. Manche mögen es ein bisschen saurer, andere lieber kalkhaltiger. Auch der Nährstoffgehalt ist wichtig. Wenn wir die Bodenprobe von einem landwirtschaftlichen Labor untersuchen lassen, können wir angeben, welche Kulturen angebaut werden sollen, und erhalten dann nicht nur die reine Nährstoffanalyse, sondern auch Empfehlungen, welche Nährstoffe oder Spurenelemente ergänzt werden sollten.

Planungsstrategien

Ökosystemkriterien

Wenn wir ein dauerhaftes System planen, gibt es einen entscheidenden Grundsatz: Die Fehler, die wir beim Aufbau des Systems machen, können nur mit viel Aufwand und Zeitverlust wieder bereinigt werden. Die Strukturen, die wir anlegen, sind im Wesentlichen auf Jahre oder Jahrzehnte angelegt. Daher sollten wir uns bei jedem Waldgarten ausreichend Zeit lassen, um unsere Entscheidungen reifen zu lassen. Wir wollen in diesem Kapitel ein paar Themen aufzeigen, auf die es bei der Planung ankommt.

In einer Untersuchung unterschiedlicher Waldgärten in Europa hat die britische «Permaculture Association» die Betreiber nach ihren Erfahrungen, Schwierigkeiten und Fehlern befragt. Die häufigsten und auch gravierendsten Fehler waren: mangelnder Windschutz, mangelnde Bodenvorbereitung, fehlender Schutz vor Wildtieren und fehlerhafte Abstände zwischen den Gehölzen. In den folgenden Kapiteln gehen wir auf diese Themen ein, und besprechen, welche Aspekte in einer vorausschauenden Planung berücksichtigt werden sollten.

Neben den gärtnerischen Themen stellte sich häufig auch der Arbeitsaufwand höher als gedacht heraus. Oder bei Gemeinschaftsprojekten schwanden nach der enthusiastischen Anfangsphase die Helfer und Unterstützer. Wir haben es bei Waldgärten mit sehr dynamischen Prozessen zu tun, die sich im Laufe der Zeit immer wieder verändern. Aber nicht nur der Waldgarten selbst ist ein dynamisches System, auch die soziale Einbindung wandelt sich mit der Zeit.

Die Ökosystemkriterien als Wegweiser in der Waldgarten-Planung

Aus der Analyse komplexer Systeme wissen wir, dass es für die Entwicklung lebendiger Systeme (und nichts anderes ist ein Waldgarten samt seinem Sozialsystem) bestimmte Kriterien gibt, die eine Entwicklung möglich oder unmöglich machen. Diese sogenannten Ökosystemkriterien sind: Vielfalt, positive Rückkoppelung, negative Rückkoppelung, Konkurrenz, Begrenzung, Wechselwirkung, Selbstregulation, Flexibilität, Kooperation, Vernetzung, Eigendynamik und Durchlässigkeit. Sind diese Kriterien erfüllt, kann ein System sich entwickeln.

Ein Waldgarten kann nicht zielorientiert auf einen exakten Zustand hin, der mittel- oder langfristig erreicht werden soll, geplant werden.

Wir können nur sehr bedingt im Vorhinein sagen, wie sich ein Waldgarten entwickeln wird. Wir müssen zwar ein übergeordnetes Ziel oder eine Vision (z. B. die Erzeugung unterschiedlichster Lebensmittel) festlegen – aber wir können angesichts der Komplexität keine exakten Ziele bestimmen. Was wir vorausdenken können, ist, nach welchem Muster die wesentlichen Prozesse verlaufen werden und welche Bedingungen wir schaffen müssen, damit das System sich entwickeln kann. Wohin es sich auf längere Sicht genau entwickeln wird, wissen wir nicht. Und genau hierin besteht der Unterschied zwischen einer zielorientierten und einer prozessorientierten Planung. Das Ziel definiert ein klares Ergebnis, welches es in Zukunft zu erreichen gilt. Eine Prozessplanung hingegen lässt die Spielräume zu, die es braucht, um flexibel auf Veränderungen reagieren zu können. Ein definiertes Ziel wäre etwa eine Obstplantage, in der die gleichen Pflanzen für einen bestimmten Zeitraum auf dem Feld stehen und eine bestimmte Menge an

Erträgen bringen. Ein Prozess hingegen gestaltet die dynamische Veränderung, wie wir sie in der Entwicklung eines Waldgartens sehen. Wir können hier die Ökosystemkriterien als roten Faden nehmen, der uns beim Verständnis des Waldgartensystems hilft, die komplexen Prozesse und Möglichkeiten der Intervention im Auge zu behalten.

Gutes Planen ist der wesentliche Schlüssel zum erfolgreichen Waldgarten.

Anhand einiger Beispiele wollen wir diese Überlegungen etwas praktischer machen. Manche Systemkriterien dienen hierbei eher dem Verständnis der Prozesse, andere können wir in eine ganz praktische Anwendung bringen.

Vielfalt. Wenn wir Vielfalt schaffen, schaffen wir unterschiedliche Standortbedingungen und damit eine Chance für noch mehr Vielfalt.

Haben wir sehr schattige, sehr feuchte, sehr sonnige, sehr trockene Geländeteile geschaffen, ermöglicht dies ein breites Spektrum an Pflanzen. Setzen wir nun dieselbe Pflanze, sagen wir mal eine Pflaume, an unterschiedliche Standorte, wird sie dort zu unterschiedlichen Zeiten reifen, und egal, wie das Wetter in einem Jahr wird, einige Pflaumen stehen immer am richtigen Standort für die jeweilige Wetterlage – was gerade in der Selbstversorgung ein entscheidender Vorteil sein kann.

Positive Rückkoppelung. Wir können auch von einem sich selbst verstärkenden Prinzip sprechen oder einem Geschehen, welches positiv auf sich selbst wirkt (rückgekoppelt ist). Dies sind etwa die meisten Wachstumsprozesse. Haben wir ein paar Brombeeren, werden es schnell mehr, da wir Brombeersamen und Wurzelausläufer haben, die neue Bestände bilden. Weil es mehr geworden sind, wachsen sehr schnell immer weitere Brombeeren. Je größer die Bestände, umso größer und schneller ist die Ausbreitung. Diese Entwicklung ist wichtig, damit eine Pflanzendynamik in Gang kommt. Aber es braucht auch Augenmerk, damit Dinge nicht überhandnehmen.

Negative Rückkoppelung. Sie ist der Gegenspieler der positiven Rückkopplung oder der regulierende Faktor. Diese Rückkopplung finden wir zum Beispiel bei allen Räuber-Beute-Beziehungen. Wenn wir mit einer Unmenge Wühlmäusen zu kämpfen haben, werden der Fuchs oder die Waldohreule diese fressen. Je mehr Mäuse, umso mehr Eulen werden sich einstellen – also wird es weniger Mäuse geben – also kann sich die große Eulenpopulation nicht halten – also vermehren sich die Mäuse wieder. Für uns ist es wichtig, dass wir beide Rückkoppelungen zulassen und erkennen, in welcher Phase der Dynamik sich ein auftretendes Problem gerade befindet.

Waldohreulen regulieren den Mäusebestand.

Konkurrenz. Letztendlich ist es auch ein Ergebnis der Konkurrenz, wenn sich im Garten viele unterschiedliche Lebensformen entwickeln. Konkurrenz in diesem Zusammenhang meint den Wettstreit um eine knappe Ressource, bei der ein «Mitstreiter» den Kürzeren zieht. Nach diesem Muster verläuft auch die Sukzession. Der Wettstreit um die Ressourcen Licht und Nährstoffe geht nicht in allen Fällen gut für alle Parteien aus.

Kooperation. Auch bei der Kooperation bemühen sich zwei Mitstreiter um dieselbe Sache. Anstatt den anderen zu Schaden kommen zu lassen, stützt man sich gegenseitig, um dabei sein eigenes Ziel zu verfolgen. Man könnte auch sagen, Kooperation fügt zusammen und macht wechselseitig abhängig. Konkurrenz trennt und macht wechselseitig unabhängig. Beides sind Formen der Konfliktlösung, die in einem System ihre Berechtigung haben.

Begrenzung. In einem dynamischen Gehölzsystem wird jede Pflanze versuchen, einen möglichst großen Raum zu erobern. Gerade bei sehr konkurrenzstarken Pflanzen sollten wir uns rechtzeitig überlegen, welche Begrenzungen wir diesen Pflanzen setzen. Das können wechselnde Boden- oder Lichtverhältnisse sein oder auch mechanische Grenzen wie Rasenflächen oder Wege. Wir sollten diesem Thema bei der Planung unseres Geländes einige Zeit widmen.

Durchlässigkeit. Früher hat man in der Ökologie von sogenannten «geschlossenen Kreisläufen» gesprochen. Heute wissen wir, dass gerade eine bestimmte Durchlässigkeit für das Überleben eines dynamischen Systems wichtig ist. Unweigerlich stellen sich neue Arten ein, die wir in der Regel willkommen heißen sollten. Wenn neue Arten auftauchen, sollten wir uns nach ihrem Nutzen erkundigen – sie scheinen eine wichtige (momentane?) Rolle im System zu spielen. Manchmal gibt es Jahre voller Schnecken, die dann wieder verschwinden.

Auch Schnecken spielen im System eine wichtige Rolle.

Wechselwirkung. Die Wechselwirkung beschreibt die gegenseitige Beeinflussung der Elemente und Individuen eines Systems. Diese Beeinflussung kann wie im Falle einer Symbiose für beide Partner von Nutzen sein, etwa Bäume und Mykorrhiza-Pilze. Manchmal erleidet ein Partner auch Nachteile, wie bei den Parasiten. Die Wechselwirkungen in einem Waldgarten sind schier unendlich. Wichtig für unser Systemverständnis ist, dass jede Änderung, die wir mit einer bestimmten Intention vornehmen, immer auch viele, meist unbeabsichtigte, Wechselwirkungen erzeugt. Wir tendieren leider sehr häufig dazu, auch in einem komplexen System mit direkten Ursache-

Wirkung-Effekten zu rechnen. Dies ist aber fast nie der Fall. Daher sollten wir bei jeder Veränderung, die wir vornehmen (z. B. «Schädlinge» beseitigen), auch mitdenken, welche Effekte dies auf andere Systemteile (z. B. «Vogelnahrung») hat.

Selbstregulation. Wenn wir ein System anlegen, haben wir in der Regel eine Vorstellung davon, wie es sich entwickeln wird. Nicht selten ändern sich dann aber die Bedingungen und das System entwickelt sich anders als gedacht. Wenn wir beispielsweise einen Waldgarten mit der Beteiligung unterschiedlicher Akteure planen, wird die Intensität der Beteiligung darüber entscheiden, was in dem Waldgarten gerade möglich ist und was nicht. Sie wird zum regulierenden Element. Bei einem merklichen Beteiligungsrückgang gibt es zwei unterschiedliche Wege. Wir können die schwankende Beteiligung (und die wird es geben) entweder durch enormes Engagement der verbleibenden Mitstreiter in den schwierigen Zeiten auffangen. Dies geht allerdings längerfristig mit der Gefahr einher, dass das Projekt zusammenbricht. Oder wir lassen alles verwildern – auch dies ist häufig das Ende. Wenn wir aber vorausschauend planen und das Feedback (es kommen derzeit weniger Leute) akzeptieren, können wir schon bei der Planung des Systems überlegen, welche Bereiche bei hoher Beteiligung intensiv, bei geringerer extensiv bewirtschaftet werden. Hierin liegt oft ein großer Segen. So bleibt der Aufwand für Freiwillige auch in «dünner Besetzung» überschaubar, dies macht ein Engagement für Neue attraktiv – und zieht mit höherer Wahrscheinlichkeit wieder neue Helfer an.

Eigendynamik. Den größten Fehler, den wir bei einem dynamischen Projekt machen können, ist vermutlich das Festhalten an einem Status quo. Lassen wir ruhig mal einer bestimmten Pflanzenentwicklung ihren Lauf und sehen, wofür dies gut sein kann. Kommt in einem Gartenbereich die Brennnessel durch, können wir versuchen, diesen Prozess mit viel Arbeit zu stoppen. Oder wir akzeptieren diese Dynamik und suchen nach einer sinnvollen Verwendung und Einbindung. So sind Brennnesseln ein gutes Mulchmaterial und ergeben sehr nahrhaftes Heu und gute Pflanzenjauchen. Und: Wir können daraus selbstverständlich ein schmackhaftes Gemüse zubereiten. Wenn wir die Prozesse der Sukzession verinnerlicht haben, können wir die Dynamik erkennen und ablesen, welchen nächsten Entwicklungsschritt das System gehen wird. Nur wenn wir erkennen, in welche Richtung sich unser System gerade bewegt, sind wir wirklich handlungsfähig.

Flexibilität. «Flexibilität ist das ungebundene Potenzial der Veränderung». Dies bedeutet nichts anderes als: Wir brauchen einen Anteil an ungebundenem, ungenutztem Potenzial, an noch nicht verplanten Ressourcen, an noch nicht verplanten Geldern und Wochenenden. Wenn wir einen Waldgarten beginnen, können wir nur das denken und planen, was wir in diesem Moment wissen. Natürlich wird sich unser Wissen, z. B. über Pflanzenarten, im Laufe der Zeit erweitern. Wie schade, wenn wir schon im ersten Jahr jeden Quadratmeter bepflanzt haben und erst dann ein paar spannende Arten entdecken.

Vernetzung. Beim Thema Vielfalt haben wir über Arten und Örtlichkeiten gesprochen. Bei der Vernetzung geht es um die Vielfalt der Beziehungen, die ein Element in einem System eingehen kann. Wenn wir in unserem Garten Amphibien fördern wollen, benötigen diese in der Regel nicht nur einen Teich, sondern auch eine Wiese, auf der sie im Sommer Insekten fangen, und einen Steinhaufen oder eine Totholzhecke, in der sie überwintern können. Wenn diese Dinge aber nicht miteinander in Verbindung stehen (im Naturschutz würde man von einem Biotopverbundsystem sprechen), haben die einzelnen Elemente kaum eine Wirkung. Unsere Frage sollte im Garten also immer lauten: Was haben die Dinge miteinander zu tun und kann ich diese Verbindungen fördern? Findet die Erdkröte den Weg vom Teich in den Wald oder liegt dazwischen eine Gartenmauer? Diese Beispiele sollen uns anregen, über den Waldgarten als ein lebendiges, dynamisches System nachzudenken. Im folgenden Kapitel geben wir ein Beispiel, wie wir planerisch mit komplexen Situationen umgehen können. Viele weitere Beispiele und Planungsmöglichkeiten finden wir im Permakultur-Design.

Stellschrauben im System erkennen

Bei der Planung und dem Design von Permakultur-Projekten, die in der Regel sehr komplex daherkommen, haben sich einige Designmethoden etabliert, die es uns ermöglichen, große Aufgaben strukturiert zu lösen. Auch ein Waldgarten mit seinen unterschiedlichen Phasen ist eine sehr komplexe Aufgabe. Die Faktoren, die letztendlich zum Gelingen beitragen, sind so ungemein vielfältig, dass wir in der Regel nicht immer überblicken können, womit wir uns eigentlich wann beschäftigen müssen und wie weitgehend diese Beschäftigung eigentlich gehen muss. Müssen wir in der Planungsphase den Boden analysieren, eine Bestandsaufnahme der Insekten- und Vogelarten vornehmen und uns mit der Topografie des Geländes auseinandersetzen?

Für ein Systemdesign müssen wir nicht unbedingt jeden Schmetterling kennen. Der Kleine Fuchs ist eine Schmetterlingsart der Waldränder.

Ja und Nein wäre die Antwort. Was uns in aller Regel nicht weiterhilft, ist eine Unmenge an Daten, die wir gar nicht in einen sinnvollen Planungskontext verarbeiten können. Die Anfänge der Permakultur beruhen übrigens auf genau der Erkenntnis, dass uns all die wissenschaftlichen Daten nur nutzen, wenn wir sie in einen konkreten, praktischen Bezug setzen können. Die große Übung beginnt also damit zu überlegen, mit welchen Daten wir sinnvoll und lösungsorientiert arbeiten können. In der Planungspraxis unterscheidet man zwei Typen von Variablen: Indikatorvariablen und kritische Variablen.

Die Indikatorvariablen. Die Indikatorvariablen zeigen uns ganz wesentlich, in welchem Zustand unser System sich befindet. Wir könnten sie auch als Zeiger-Elemente bezeichnen. Wenn wir ein Gelände betrachten, gibt es bestimmte Dinge, die uns anzeigen, was in dem System gut oder schlecht funktioniert. Je nach dem, worum es geht, sind dies natürlich sehr unterschiedliche Variablen. Suchen wir nach den Indikatorvariablen eines Teiches, könnte dies etwa die Menge der Algen sein, die uns den Zustand des Wassers anzeigen. Im zukünftigen Waldgarten ist eine Variable der Einfluss von Tieren auf das System oder die Frage, ob Trockenschäden an den Bäumen sichtbar sind. Ganz typisch für die Indikatorvariable ist, dass sie selbst kaum einen Einfluss auf andere Bereiche des Systems hat, sondern nur den Zustand anzeigt, in dem es sich befindet. Es ist also wenig sinnvoll, eine Indikatorvariable direkt zu verändern. Wenn wir einen Wühlmausschaden sehen, können wir natürlich neue Pflanzen setzen, das Problem wird damit aber nicht beseitigt, sondern liegt vielleicht eher in der Pflanzenauswahl, der Raubtierförderung oder der Pflanzdichte.

Mauswiesel sind ausgesprochen gute Jäger.

Ist der Teich voller Algen, können wir sie abfischen, verändern dadurch aber nicht die Wasserqualität. Wir machen uns damit eine Unmenge Arbeit, ohne die Ursachen zu verändern. Vielmehr sollten wir an den kritischen Variablen ansetzen.

Die kritischen Variablen. Die kritischen Variablen bezeichnen wir auch als die Stellschrauben des Systems: Wenn wir mit den kritischen Variablen arbeiten, verändern wir die wesentlichen Teile eines Systems, denn sie stehen mit sehr vielen Elementen in Verbindung. Sehr deutlich wird dies beim Wasser: Ob und, wenn ja, wo ein Teich vorhanden ist, beeinflusst das Kleinklima auf Grund der Wärmespeicherkapazität und der Verdunstungskühle, die Tiervorkommen wegen der Möglichkeit der Tränke und der Kinderstube für viele Fluginsekten, die Bewässerung und viele andere mehr.

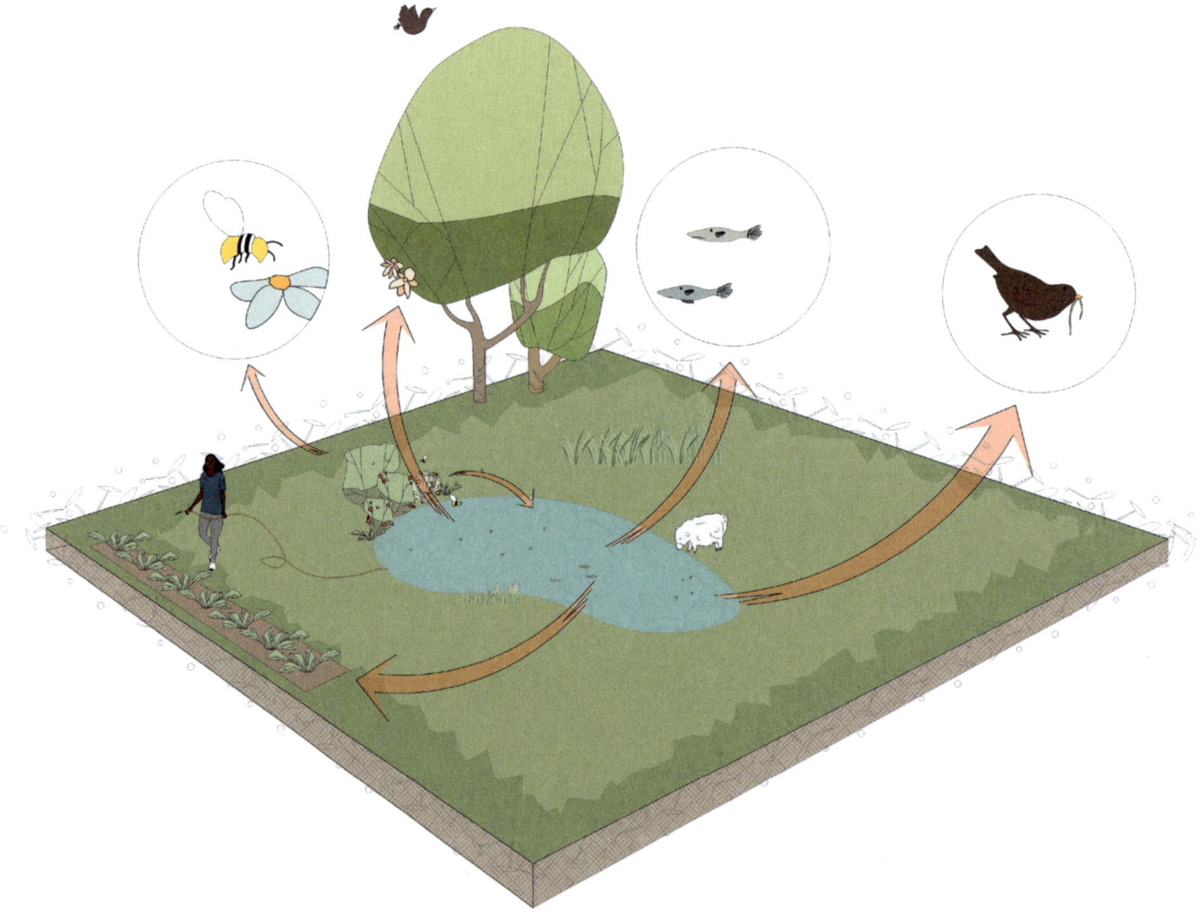

Ein Gewässer beeinflusst ganz erheblich die Dynamik eines Systems.

Theoretisch gibt es unzählige Hebel, über die wir die Entwicklung eines Systems verändern können. Aus der Erfahrung des Permakulturdesigns lässt sich aber sagen, dass es in aller Regel Sinn macht, die wesentlichen fünf bis zehn kritischen Variablen zu erkennen und für das Design einzusetzen.

Während die Fraßschäden an Gehölzen durch Wühlmäuse die Indikatorvariable darstellen, ist eine gute Raubtierförderung die passende kritische Variable. Durch ein gelungenes Geländedesign mit Totholzhecken, Steinhaufen und Geländestrukturen, an denen die Raubtiere entlangwandern, lösen sich viele «Schädlingsprobleme» von allein. Wir haben also die wesentliche Maßnahme, die *selbstständig* zur Problembeseitigung führt, gefunden und implementiert. Typisch für die kritischen Variablen ist, dass wir mit der Änderung einer Variablen viele Teile des Systems in Bewegung setzen. Was dabei im Detail für ein Ergebnis zu erwarten ist, ist wiederum nur grob zu erahnen. Was auch immer wir in einem komplexen System verändern, es wird Hauptwirkungen und Nebenwirkungen geben, die wir nicht immer vorhersehen (können). Daher ist ein gutes Systemdesign nur so gut, wie die daraufffolgende Beobachtung des Geschehens und die damit einhergehende Anpassungsstrategie.

Welches die richtigen Variablen sind, ist letztendlich sehr von dem zu planenden System abhängig. Wichtig ist also, ob diese oder jene Variable wirklich sehr wesentlich alle anderen Elemente in meinem System beeinflusst.

CHECK-BOX:

Kritische Variable

Denken wir einmal nach, ob einige der folgenden Faktoren vielleicht systementscheidend für unser Projekt sein können, ob sie zum Gelingen oder Scheitern beitragen können.

Planungsrecht – Schränken mich Gesetze so sehr ein, dass das Projektziel gefährdet ist?
Finanzen – Reichen meine Finanzen, um auch unvorhergesehene Investitionen zu bewerkstelligen oder gehe ich mit dem Bau der Anlage schon an meine Grenzen?
Klimatische Faktoren – Schränkt mich das lokale Klima sehr in meinen Projektmöglichkeiten ein? Wenn ja, kann ich dies verändern? Ist vielleicht Windschutz ein entscheidender Faktor?
Wasser – Habe ich ausreichend Wasser zur Bewässerung? Auch in trockenen Jahren?
Tierdruck – Wird es eine beständige Auseinandersetzung mit Wildtieren geben? Wenn ja, kann ich dies beeinflussen?
Arbeitskraft – Habe ich ausreichend Kapazitäten, den Waldgarten anzulegen, zu betreuen und zu beernten? Gibt es einen «Nothebel», um das Projekt weniger arbeitsintensiv zu gestalten?
Ernte, Lagerung und Vermarktung – Habe ich eine Möglichkeit gefunden, um alle Produkte auch zu ernten? Habe ich ausreichend Lager- und Verarbeitungsmöglichkeiten für die Waldgartengröße? Gibt es entsprechende Vermarktungswege?

Je nach Projekt und Standort können auch noch ganz andere Faktoren systementscheidend sein.

Die kritische Variable – ein Beispiel aus Kirgistan

Während einer Permakultur-Beratung in Kirgistan besuchte ich ein Projekt, bei dem man sehr gut sehen konnte, wie die Arbeit mit einer kritischen Variablen ein ganzes System verändern kann. Häufig sind diese Variablen gar keine besonders exotischen, ausgefallenen Dinge. Aber es sind die entscheidenden.

Kirgistan ist ein Land, in dem die Nutztiere die Landschaft enorm gestalten. Nahezu im ganzen Land sieht man Herden von Rindern, die grasend durch die Gegend ziehen. Von den Walnusswäldern in Arslanbob bis in die Hochregionen des Tianshan-Gebirges – Kühe, wohin man schaut. Bei dem Besuch eines Permakultur-Projektes am See Issyk-Kul war die Indikatorvariable schon auf dem Weg zum Projekt eindeutig zu erkennen: das Fehlen von Wildkräutern und hohen Gräsern entlang der Wege und Straßen. Um in so einer Gegend einen Waldgarten aufbauen zu können, musste also die verantwortliche, also kritische, Variable verändert werden: die Anzahl weidender Tiere.

Weidende Kühe gestalten die Landschaft.

Sie entschied darüber, ob das Projekt, ein Waldgarten mit Gemüseanbau, gelingen konnte. Als Lösung wurden die Tiere durch einen Zaun aus den wesentlichen Geländeteilen herausgehalten. Durch die Einzäunung werden nicht nur die Gehölze vor den Tieren geschützt, es entwickelt sich auch die natürliche Vegetation in einem Maße, wie es keiner der Menschen vor Ort für möglich gehalten hätte. Das Potenzial der Biodiversität hatte man aufgrund der langjährigen Überweidung nicht mehr vor Augen. Wie stark die Veränderung der kritischen Variablen, hier die Überweidung, viele andere Dinge in Gang setzte, zeigte sich sehr schnell. Die Vögel kamen zurück, die sogar schon in Jungbäumen ihre Brutplätze fanden.

Durch die Einzäunung entwickelte sich eine reichhaltige, blütenreiche Flora, sodass auch Bienen, die wiederum für die Bestäubung der Obstbäume wichtig sind, gehalten werden konnten. So wurde Obst und Honig geerntet, weil die Kühe ausgezäunt wurden. Aus der jetzt üppigen Vegetation konnten wiederum viele Wildpflanzen nutzbringend eingesetzt werden – etwa Wermut als Mittel gegen Hühnerflöhe, die dadurch vollständig verschwanden.

Wermut in einem Hühnerstall verhindert den Flohbefall.

Zudem gab es reichlich Mulchmaterial für die Gemüsefelder sowie Heu für die Fütterung der Tiere. So kann also eine Veränderung an der richtigen Stelle ein ganzes System verändern.

Vogelnest in jungen Obstbäumen

Zonierung

Eine weitere Planungsmöglichkeit ist die Zonierung. In der Permakultur nutzt man eine Designstrategie, bei der die Elemente eines Systems so platziert werden, dass die häufig frequentierten Elemente dicht am Haus liegen, während eine eher extensive Nutzung weiter entfernt liegen kann. Wir beginnen hier bei Zone 1, also dem Bereich, der dem Haus am nächsten liegt und damit jederzeit leicht zugänglich ist. Hier wachsen die Pflanzen, die sehr viel Pflege und Aufmerksamkeit benötigen, also Salate, Kräuter und Feingemüse. In Zone 2, etwas weiter entfernt aber immer noch gut zugänglich, wachsen dann eher Hackfrüchte wie Kartoffeln oder rote Beete sowie pflegeleichte Gemüsearten wie Kürbisse. Je weiter wir uns vom Haus entfernen, um so extensiver wird die Nutzung. Diese geht schließlich bis Zone 5, wo es grundsätzlich eine sehr extensive Nutzung oder auch gar keine Nutzung mehr gibt, weil hier die Wildzone vorherrscht. Es gibt zu diesem Prinzip den wunderbaren Spruch: «Der beste Dünger ist der Schatten des Gärtners». Dies bedeutet, je höher die Aufmerksamkeit des Gärtners, umso besser gedeihen die Pflanzen. Je nachdem, wie wir den Waldgarten aufbauen, wird er wahrscheinlich irgendwo zwischen Zone 2 und 5 liegen. Wenn wir sehr viele Beerensträucher, wie Himbeeren oder Blaubeeren, haben, ist das System mehr in Hausnähe angesiedelt, da wir hier regelmäßig und auch kurzfristig ernten müssen. Überwiegen aber Walnüsse und Szechuanpfeffer, kann der Waldgarten durchaus auch in Zone 5 liegen.

Gehölze wie der Szechuanpfeffer, bei denen es nicht so genau darauf ankommt, wann die Ernte erfolgt, können auch in Zone 4 oder 5 gepflanzt werden.

Veränderungen am Standort

Bei der Planung eines Waldgartens geht es meist nicht nur um den Waldgarten an sich. Wahrscheinlich ist der Waldgarten ein Element, welches in einem sinnvollen Zusammenhang zu anderen Elementen in einem Gelände platziert werden soll. Wir benötigen also Prinzipien und Methoden, die uns bei dieser Entscheidung helfen können: Welche Lage begünstigt einen Waldgarten und welchen Einfluss hat die Lage des Waldgartens auf andere Elemente des Ortes.

Aus der Permakulturplanung kennen wir das Prinzip «Jedes Element sollte mehrere Funktionen haben». Die Grundidee hinter diesem Prinzip besteht darin, dass ein Element in einem System umso effektiver wirkt, je mehr Funktionen es übernehmen kann. Es lohnt sich also nicht nur zu schauen, welcher Standort für meine Gehölze der beste wäre, sondern auch, welche Einflüsse es bei der Standortwahl auf andere Elemente gibt.

Wenn wir ein Gelände mit Gehölzen bepflanzen, verändert sich beispielsweise die Sonneneinstrahlung am Boden und die Wärmeabstrahlung in den Himmel. In einem lichten Laubwald gibt es im Winter durchaus eine Wärmeentwicklung durch die Sonne und eine reduzierte Abstrahlung der Wärme in die Atmosphäre. Wenn wir jetzt die Ideallage in der Topografie mit Bäumen bepflanzen und das Hangwasser am sogenannten «Schlüsselpunkt» (dem Übergang vom steilen zum flachen Hang) in einem Teich sammeln, kann der Temperaturunterschied zwischen Tallage und Hanglage durchaus 8 °C im Winterhalbjahr betragen!

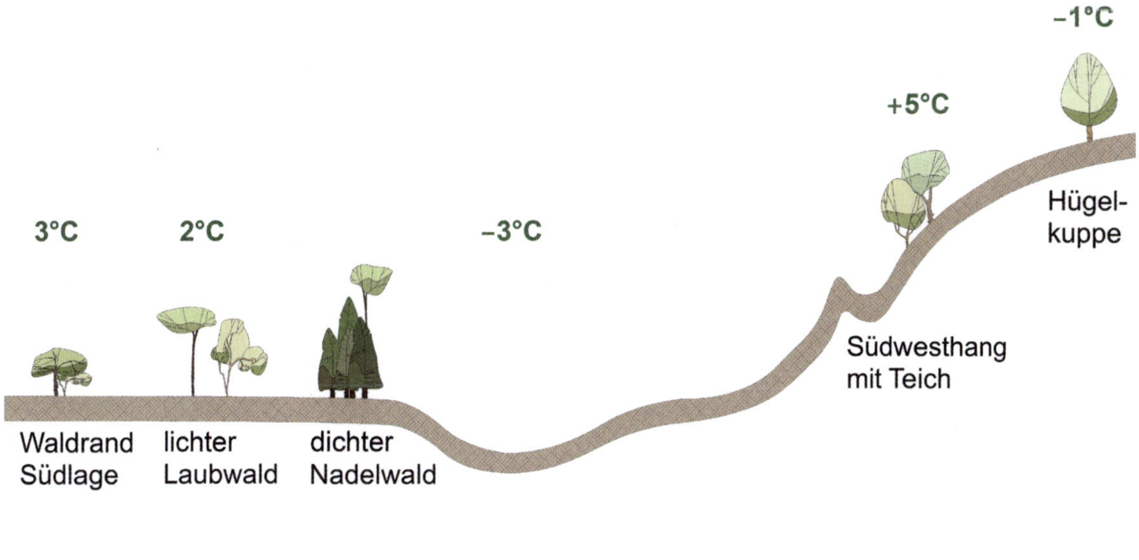

Durch eine gezielte Pflanzung können wir die Temperatur in einem Gelände verändern.

Topografie und Boden

Wir sollten uns aber auch Gedanken über eine mögliche Veränderung der Topografie machen. Natürlich gilt: Je weniger wir verändern, umso geringer der Eingriff in den Naturhaushalt und in den empfindlichen Bodenaufbau. Es gibt aber auch gute Gründe, die Topografie zu verändern. Dies können sehr hohe Grundwasserstände sein, bei denen wir vielleicht Gräben anlegen und mit dem Aushub Hügel, also Trockenzonen, anlegen wollen. Oder die Böden sind sehr trocken, dann können auch Bewässerungsgräben, sogenannte Swale, sinnvoll sein. Vielleicht ist die Anlage von Teichen, Terrassen oder Gebäuden geplant, bei denen es unweigerlich zu Erdbewegungen kommt. In jedem Fall sollten wir uns darüber im Klaren sein, dass eine massive Bodenveränderung gut begründet sein sollte, sonst ist es ein schwer zu rechtfertigender Eingriff in ein empfindliches System. Wie empfindlich Boden auf Verdichtung reagiert, können wir schon sehen, wenn wir uns die Pflanzen entlang eines Trampelpfades ansehen. Hier wachsen häufig Wegerich oder Wegwarte. Die Namen zeigen es schon an, allein durch unsere Füße verdichten wir den Boden so stark, dass sich hier eine sogenannte Trittpflanzengesellschaft ansiedelt: spezialisierte Pflanzen, die mit verdichtetem Boden zurechtkommen.

Wegerich wächst dort, wo der Boden verdichtet wurde.

Ein unverdichteter, humoser Boden enthält wesentlich mehr Bodenluft, die Durchwurzelung der tieferen Bodenschichten gelingt deutlich besser und die Wasserhaltefähigkeit kann bis zu 25 % höher liegen als bei einem mageren, verdichteten Boden.

Techniken der Bodenbewegung. Hier sprechen wir von größeren, maschinellen Arbeiten mit Bagger und Radlader. Es gibt leider viele Beispiele aus Planung und Bau, bei denen der Boden ruiniert wurde, obwohl eigentlich ein ökologisch sinnvolles Projekt entstehen sollte. Daher wollen wir uns ein paar wesentliche «Umgangsformen» für Erdbewegungen vor Augen führen. In der Landwirtschaft spricht man nicht umsonst davon, dass es eine Generation braucht, um aus einem ruinierten Boden wieder den ursprünglichen Bodenzustand herzustellen. Die spätere Pflanzung wird uns eine kluge Bodenarbeit danken.

Vier wichtige Regeln bei Bodenarbeiten:

1. Bodenarbeiten brauchen einen sorgfältig durchdachten Plan. Wo darf eine Maschine fahren? – Idealerweise dort, wo später auch die Wege sind, und nicht dort, wo unsere Pflanzen wachsen sollen. Wenn wir über spätere Pflanzflächen fahren, sollten dort sogenannte Baggermatratzen ausgelegt werden. Dies sind große Holz-, Metall- oder Kunststoffplatten, die den Druck der Reifen oder Ketten auf eine große Fläche abtragen. Welche Bereiche eignen sich zum Lagern von Boden? Können wir alle Arbeiten mit einer Aktion bewerkstelligen?
2. Boden sollte niemals im feuchten Zustand bewegt werden! Ein feuchter Boden verliert seine Struktur, wenn er bearbeitet wird. Wenn dieser Boden dann abtrocknet, ist er in der Regel hart wie Beton.

Boden, der in nassem Zustand bewegt wurde, braucht Jahrzehnte, bis er wieder seine ursprüngliche Struktur erreicht.

3. Je größer die Maschine, umso schonender die Bearbeitung. Dies klingt erst einmal verrückt, ist es aber nicht. Genauer gesagt: Die Maschine muss zur Menge des Bodens passen. Wenn wir 200 m^3 mit einem Minibagger bewegen wollen, zerfahren wir mit den kleinen Ketten den Boden und «zerwühlen» die Struktur. Wesentlich besser geeignet ist ein großer Bagger, der auf einer Spur in das Gelände fährt, mit dem langen Baggerarm von einem Platz aus alle Arbeiten erledigt und dann auf dieser Spur zurückfährt. Diese Spur kann dann bei der Rückwärtsbewegung vom Bagger gelockert werden.
4. Unser Boden besteht (grob gesagt) aus drei unterschiedlichen Horizonten. Der A-Horizont oder Oberboden mit einem hohen Humusanteil, der B-Horizont oder Unterboden mit verwittertem Ausgangsgestein und eingewaschenem Humus sowie der C-Horizont mit dem Ausgangsgestein. Wenn wir mit Erdarbeiten beginnen, sollten wir diese Schichten nicht miteinander vermischen, sondern später darauf achten, dass sie genau in dieser Reihenfolge wieder eingebaut werden. Bringen wir beispielsweise den A-Horizont tiefer in die Erde, sterben die darin enthaltenen Bodenlebewesen ab und die organische Masse beginnt zu faulen.

Normalerweise würden wir die zum Boden passenden Pflanzen aussuchen und nicht erst eine Pflanze wählen und dann die Bodenbedingungen für diese Pflanze herstellen. Wenn wir aber sowieso Bodenarbeiten vornehmen, sollten wir die Chance nutzen und ein paar Sonderstandorte schaffen.

Gerade der magere Unterboden taugt als Standort für Spezialisten. Die Pflanzen der Magerstandorte, z. B. der Großteil unserer Küchenkräuter, aber auch viele Pioniergehölze, sind solche Spezialisten, die sich auf Humusböden nicht gut durchsetzen können. Andere Pflanzen wieder tun sich schwer mit nassen Böden im Winter. Wenn wir zum Beispiel auf die verwegene Idee kommen, den essbaren Stauden-Feigenkaktus anzubauen, ist ein sehr steiniger Boden als Hügel oder Hang aufgeschüttet ideal. Hier fühlt er sich wohl und denkt an seine Heimat im Gebirge von Nordmexiko. Gerade bei etwas frostempfindlichen Pflanzen kann der mangelnde Humus- und Nährstoffgehalt ebenfalls zum Vorteil werden. Das dadurch bedingte langsame Wachstum lässt die Zellen besser aushärten, wodurch die Frosthärte zunimmt. Es ist also auch denkbar, bestimmte Bereiche im Garten nur mit Unterboden zu bedecken und den Oberboden an anderen Stellen entsprechend etwas stärker auszubilden. Dies würde bei einer extensiven Nutzung der Krautschicht einerseits die Pflege deutlich reduzieren (auf Magerboden ist der Aufwuchs einer Wiese eher 30 cm hoch, bei einem humosen Boden sind 1,3 m nicht ungewöhnlich) und andererseits die selten gewordenen Wildpflanzen der Magerstandorte fördern. Es gilt die Regel: Je weniger Nährstoffe, umso blütenreicher.

Generell ist es schwierig zu sagen, was denn der richtige Bodenaufbau für einen Waldgarten ist. So unterschiedlich wie die Böden sind, so unterschiedlich sind eben auch die Pflanzen und ihre Ansprüche. Wenn wir die Spezialstandorte wie Sandboden oder Moor außen vorlassen, ist in aller Regel der Humusaufbau wichtig. Je humoser ein Boden ist, umso besser hält er Wasser und Nährstoffe und umso besser können sich auch die Wurzeln ausbreiten. Das Thema Humusaufbau, Kompost und CO_2-Speicherung im Boden ist allerdings zu umfangreich, um es hier auch nur halbwegs behandeln zu können. Wichtig ist aber zu verstehen, dass ein Boden mit viel Humus den Wasserhaushalt deutlich verbessert und generell mehr Biomasse, also auch Früchte, produziert. Die Spezialisten unter den Pflanzen kommen hingegen auch mit sehr mageren, trockenen Bedingungen gut aus.

Ein Wort noch zur Bodenvorbereitung vor der Pflanzung. Wenn eine Bodenveränderung vorgenommen wird, sollte dies nicht nur im Pflanzloch des Baumes stattfinden. Entweder wir verändern den ganzen Standort (indem wir kalken, Sand oder Humus einbauen oder den Boden großflächig lockern) oder wir belassen im Wesentlichen auch den Baumstandort so, wie wir ihn vor Ort vorfinden. Die alte Methode, drei Schubkarren Kompost in das Pflanzloch zu kippen, hat folgenden Effekt: Der Baum fühlt sich wohl, macht keine langen Wurzeln (denn außerhalb des Pflanzloches ist es nicht so gemütlich) und bewurzelt letztendlich nur den «guten» Boden. Gärtner nennen dies den Blumentopfeffekt. Wir dürfen gerne den umgepflanzten Baum mit ein paar Schaufeln Kompost oder Dünger versorgen – aber nur für den Start. Danach sollte das Motto lauten: «Bäume müssen leiden.» Auf der Suche nach Wasser und Nährstoffen durchwurzelt der Baum sehr schnell die Bodenschichten, wird dadurch standfest und findet auch in trockenen Sommern ausreichend Wasser.

Wind

In einer sonst wenig strukturierten Landschaft kann der Windschutz eine sehr entscheidende Rolle spielen. Im schlimmsten Fall trocknet der Wind die Landschaft aus, hindert die Insekten an der Bestäubung, vergrößert die Frostgefahr durch Windauskühlung und kann zu Astbrüchen und Obstfall beitragen. Daher sollte der Windschutz insbesondere in den Anfangsjahren ausreichend Beachtung finden. Alle Maßnahmen oder Standortvorteile, die ein warmes Mikroklima erzeugen könnten, sind kaum wirksam, wenn sie nicht mit einem guten Windschutz einhergehen.

Die Sandsteine des Hochbeetes können viel Wärme speichern. Die beste Wirkung wird aber erzielt, wenn so ein Element mit einem guten Windschutz kombiniert wird.

Jeder (theoretisch) warme Standort verliert seinen Vorteil, wenn der Wind die Wärme hinwegweht. Obstbäume wachsen normalerweise in der Sukzessionsstufe des Vorwaldes oder zumindest am nahenden Ende der Strauchphase. Es herrscht also bereits eine relativ dichte Vegetation, die allein durch die Vielgestaltigkeit der Pflanzen die starken Windbewegungen merklich abschwächt. In einem neugepflanzten Waldgarten gibt es diese Bedingungen aber noch nicht. Ideal wäre, wenn wir zuerst den Windschutz aufbauen könnten und dann erst die Obstgehölze pflanzen. In der Praxis wird dies wahrscheinlich nicht der Fall sein. Also sollten wir versuchen, schnell wachsende Gehölze wie Ahorn, Birke, Pappel oder Weide, die gute Windbrecher sind, an den richtigen Stellen zu platzieren. Diese Bäume oder Großsträucher können dann zu einem späteren Zeitpunkt wieder entfernt und als Laubheu, Brennholz oder Pilzstamm verwertet werden. Beim Windschutz sollten wir zwei unterschiedliche Winde betrachten, die ganz verschiedene Einflüsse haben. Die Sommerwinde sind meist Westwinde und bringen sowohl Regen als auch Austrocknung, die Winterwinde – oft von Osten kommend – eher Frostgefahr. Welches sind also an unserem Standort die Hauptwindrichtungen und was bringen sie? Außerdem ist es wichtig zu erkennen, dass ein Windschutz nur dann den Wind reduziert, wenn er nicht statisch ausgebildet ist. Eine Mauer beispielsweise ist nicht wirklich ein Windschutz, sondern ein Windumlenker. Direkt hinter der Mauer ist es natürlich windstill, etwas weiter dahinter verwirbelt sich der Wind aber und schlägt verstärkt in das Gelände ein. Als Faustzahl gilt: Siebenmal die Höhe der Mauer, dort fällt der Wind wieder in das Gelände. Besser sind lockere Windschutzpflanzungen. Je vielfältiger die Oberflächenstruktur, umso besser ist der Windschutz. Man spricht auch vom sogenannten Windkamm. Die Silhouette einer Hecken- und Baumreihe sollte aussehen wie ein Kamm: Viele unterschiedlich hohe Pflanzen mit Abständen dazwischen «kämmen» den Wind und reduzieren so dessen Geschwindigkeit.

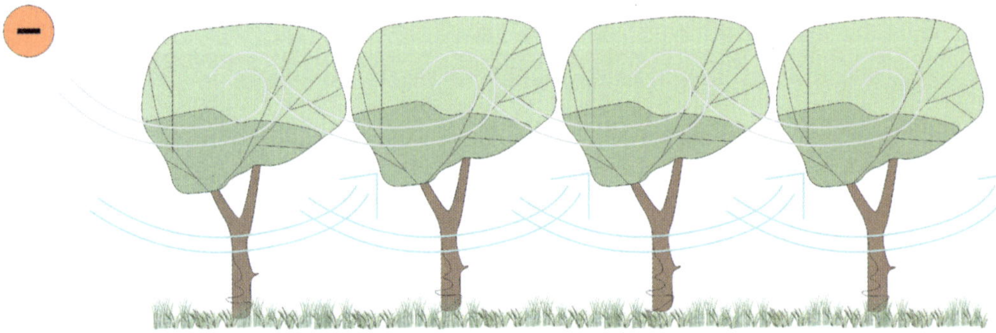

Unterschiedliche Baumhöhen verwirbeln den Wind und sind der beste Windschutz.

Wichtig ist die Entscheidung, ob die Bäume bleiben sollen oder nur eine vorübergehende Funktion einnehmen. Sinnvoll ist häufig eine Kombination. Schnell wachsende Arten, wie Pappel oder Weide, die zudem auch sehr günstig durch Steckholz vermehrt werden können, bilden den ersten, schnellen Windschutz. Etwas langsamer, dafür aber dauerhafter, wachsen zwischen diesen Weichhölzern beispielsweise Wert-hölzer wie Ahorn, Wildkirsche oder Eiche. Nach vielleicht 15 Jahren werden die Weichhölzer entnommen und die Werthölzer übernehmen den Windschutz. Weitere fünf Jahre später können nun die Lücken der Weichhölzer wieder mit Werthölzern aufgepflanzt werden. So entstehen unterschiedliche Altersstrukturen, in denen die ältesten Bäume später entnommen und durch neue Bäume ersetzt werden.

Wenn wir schnell einen Windschutz haben möchten und wir einen ausreichend feuchten Boden haben, können wir sehr lange Weidenstämme (bis 6 m) mit einem Durchmesser bis zu 20 cm schneiden und 1 m tief einpflanzen. Diese Stämme schlagen leicht wieder aus und schaffen eine sehr schnelle, effektive Begrünung. Aber Vorsicht: Solche Bäume sollten wirklich nach

15 Jahren gefällt oder geschnitten werden, da sie nicht so standfest sind wie gepflanzte Bäume und auch die Äste nicht so bruchfest sind.

Ein gepflanzter Windschutz ist auch von Vorteil für die Wärmeoptimierung des Standortes. Bei Häusern geht man zum Beispiel davon aus, dass bis zu 50 % des Energieverlustes durch Wind entsteht. So können die Gehölze des Waldgartens also auch strategisch für eine Klimaveränderung im Garten oder in Wohnhausnähe eingesetzt werden. Aus dem Permakultur-Design kennen wir die sogenannte Sonnenfalle, eine u-förmige Pflanzung von Gehölzen mit hohen Bäumen im Norden und etwas niedrigeren Sträuchern nach Osten und Westen. So halten die Gehölze den Wind ab, der einen wesentlichen Beitrag zur Kühlung eines Geländes beiträgt.

Eine Sonnenfalle umgibt dieses Gewächshaus und erzeugt so ein sehr warmes, windgeschütztes Kleinklima.

Der Waldgarten als Wärmedämmung. Dies ist ein schönes Beispiel dafür, wie sinnvoll eine integrierte Planung sein kann. Architekten und Ingenieure haben sich viele Gedanken über die Wärmedämmung von Häusern gemacht. Aber wurde dabei auch die Gartenplanung einbezogen? Wir können mit Bäumen und Sträuchern sehr gut den Wind abhalten oder auch umleiten und damit einen erheblichen Beitrag zur Energieeinsparung leisten. Durch die richtige Platzierung des Waldgartens können wir die klimatischen Bedingungen für ein Haus oder auch eine Gemüsefläche verändern, indem wir durch die Gehölze einen Windschutz herstellen.

Wasser

Genauso können wir den Wind kanalisieren, wenn dies für unser System interessant ist. Wenn wir ein Gewässer planen, ist die Lage des Gewässers im Wind ein entscheidendes Kriterium. Durch den Wind werden Wellen erzeugt, die für etwa 80 % des Sauerstoffeintrages im Teich verantwortlich sind. Richtig platzierte Gehölze, die im Norden und Süden des Teiches stehen, kanalisieren den Wind und erhöhen deutlich den Sauerstoffhaushalt des Teiches.

Gewässer wirken als «Starter» für viele Nahrungsketten und haben vielfältige ökologische Funktionen. Im Waldgarten können wir sie zur Regulierung des Kleinklimas einsetzen. Wasser ist in der Lage, sehr viel Energie zu speichern und diese im Laufe der Zeit wieder an seine Umgebung abzugeben. Wir können also sagen, dass Wasser ein klimatisch ausgleichendes Element ist. Ein schönes Beispiel hierfür sind die Wassergräben, die früher die Obstbaugebiete Norddeutschlands durchzogen. Diese Gräben waren um die 3 m breit und 1 m tief. Wenn die Frühjahrssonne das Wasser erwärmte, lagen die Gräben wie eine Heizschlange in den Obstkulturen. Wenn ein Spätfrost kam – die große Sorge aller Kirschbauern –, blieben die Flächen links und rechts des Grabens frostfrei und die Kirschblüten nahmen keinen Schaden.

Der Wassergraben an einer Obstplantage in Norddeutschland reduziert die Temperaturextreme.

Für die Geländeplanung bedeutet dies, dass wir ein Gewässer strategisch gut platzieren sollten und um die Wasserfläche herum, gerade, wenn wir zusätzlichen Windschutz vorgesehen haben, die frostempfindlichen Gehölze setzen. Ähnliche Effekte erhalten wir, wenn wir Elemente wie Trockenmauern installieren. Auch sie speichern in erheblichem Maße die Energie und geben sie wieder an die Umgebung ab.

Nutztiere als Systemgestalter

So, wie es im Wald vor Tieren nur so wimmelt, genauso stellt sich im Waldgarten die Frage: Wer sind die Bewohner und welche Funktion haben sie im System? Natürlich gibt es eine ganze Menge Tiere, auf die wir gar nicht verzichten können: Bienen, Vögel, Kröten, Hummeln, Regenwürmer, Mauswiesel und wie sie alle heißen. Alle diese Tiere werden kommen und das System beleben und fördern. Es werden auch Rehe, Wildschweine, Schnecken und Wühlmäuse kommen, auch wenn uns das nicht unbedingt gefällt. In diesem Teil wollen wir den Fokus aber auf die klassischen Nutztiere legen und ihre Rolle im System anschauen.

In Ghana gibt es einen Landwirt, der sein Pflanzensystem so zusammengestellt hat, dass die Nutzbäume nicht von Ziegen gefressen werden. Diese laufen frei auf dem 12 ha großen Gelände und übernehmen die sonst kaum machbare Geländepflege.

Die meisten Paarhufer verbringen einen Teil ihres Lebens im Wald. Hier suchen sie Schutz, fressen junge Triebe und Blätter und verbeißen im Winter die nahrhafte Rinde. Bis vor nicht allzu langer Zeit war es für die Landwirte eine Selbstverständlichkeit, ihre Schafe, Ziegen und Pferde mit frischen oder getrockneten Zweigen, dem Laubheu, zu füttern. Für die Laubheugewinnung wurden geeignete Baumarten wie Eiche, Linde oder Hainbuche so geschnitten, dass sie auf mehreren Ebenen gut erreichbare Zweige bildeten. Diese wurden dann abgeschnitten und getrocknet. Gerade in Gegenden mit einer unsicheren Heuernte war dies eine ganz normale Form der Weidetierfütterung.

Diese Bäume in den Bergen Nepals werden regelmäßig geschnitten, um ausreichend Laubheu für die Tiere zu erhalten.

Andererseits müssen wir dafür sorgen, dass der Waldgarten durch die Tiere keinen Schaden nimmt. Nahezu ideale Verwerter wären Ziegen, die aber gleichzeitig auch die größte Gefahr für das System darstellen. Wenn wir die Ziegen nicht absolut sicher einzäunen können, sollten wir die Finger von ihnen lassen. Denn wenn, gerade in einem jungen Waldgarten, eine marodierende Ziegenherde über die Gehölze herfällt, können sie an einem Tag einen unglaublichen Schaden anrichten. Dasselbe gilt für Schweine und Esel. Generell können wir sagen, dass wir Tiere dieser Größenordnung nur in Waldgärten ab vielleicht 5000 m^2 sinnvoll halten können, und auch nur, wenn das System schon stabil und viele Jahre alt ist. Bei einer guten Einzäunung können wir die Tiere aber auch schon frühzeitig einsetzen, um Lichtungen und Übergänge durch die Beweidung offen zu halten. So können die Weidetiere zu einer offenen Geländestruktur beitragen: Sie schaffen letztendlich die Waldränder und Randzonen, die zu den artenreichsten und produktivsten Bereichen in der Natur gehören.

Je nach Nutzung der Krautschicht können bestimmte Schafsrassen ab einer entsprechenden Altersstruktur des Systems sehr sinnvoll in einem Waldgarten eingesetzt werden. Für die Beweidung von Obstkulturen dürften drei Schafrassen interessant sein. Einmal sind es die Shropshire-Schafe. Diese Rasse wird traditionell in England in Weihnachtsbaumkulturen gehalten, da sie die Rinde nicht verbeißt. Aber auch die Skudde oder das Ouessantschaf, welches die kleinsten Rassen in Europa sind, können in Waldgärten sehr gut leben. In Weinbergen werden die Tiere bereits eingesetzt, um die unteren Blätter der Reben abzufressen und das Gras kurz zu halten. An die noch unreifen Weinbeeren gehen die Tiere nicht, da diese nicht schmecken. Der Vorteil für die Winzer ist neben der Graspflege die Beseitigung der Blätter. Hierdurch gelangt mehr Sonnenlicht an die Früchte, sodass sie besser ausreifen. Dieses Weideprinzip ist übrigens ein Zufallsprodukt. Einem Schafhalter in Neuseeland waren seine Tiere ausgebrochen und machten sich über die Weinberge des Nachbarn her. Erst befürchteten alle einen großen Schaden – das Ergebnis war aber ein besserer Wein. Heute gibt es auch in Deutschland einige Winzer, die gezielt Schafe in den Rebflächen einsetzen. Auch im Obstbau wird nach diesem Prinzip bereits experimentiert. Schafe fressen in der Regel nur die unteren Blätter der Bäume, was einen nur minimalen Schaden anrichtet. Wesentlich scheinen die Besatzdichte, die Verweildauer und die ausreichende Versorgung mit Lecksteinen. Die Rinde wird nämlich wesentlich stärker angefressen, wenn die Tiere einen hohen Mineralmangel haben. Einen großen Vorteil berichten übrigens alle Landwirte, die mit Schafen in Obstanlagen experimentieren: Die Probleme mit den Wühlmäusen lassen nach, da die Tiere regelmäßig die Gänge zertreten.

In großen Waldgärten ohne eine Nutzung der Krautschicht können wir unter Umständen auch Schweine einsetzen. Für Schweine ist der Standort optimal; inwieweit sie sich mit den Kulturen vertragen, werden wir nur im Einzelfall entscheiden können. Auch hier gilt: Besatzdichte und Verweildauer sind die entscheidenden Stellschrauben.

Am vermutlich besten geeignet ist aber Geflügel, also Hühner, Wachteln, Truthähne und Gänse. Gänse eignen sich für den noch jungen Waldgarten, da sie bevorzugt am Wasser und im angrenzenden Grasland leben. In der Jugendphase des Waldgartens können sie willkommene Helfer bei der Reduzierung des Grasaufwuchses sein.

Die Hühnervögel sind hingegen ideal an den Lebensraum Waldgarten angepasst. Das Wildhuhn lebt normalerweise am Waldrand, wo es tagsüber sein Futter unter den Sträuchern sucht und nachts «aufbaumt», sich also zum Schlafen auf einen Baum begeben kann. Wachteln leben ebenfalls im Dickicht der Sträucher und das Truthuhn ist ein echter Waldvogel. Ein nicht zu großer Besatz mit diesen Tieren sollte keinem Waldgarten schaden. Im Gegenteil: Die Tiere werden durch Scharren und Nahrungssuche das ökologische Gleichgewicht im Garten verbessern.

Hühner finden Schutz und Nahrung in allen Bereichen des Waldgartens.

Bestäubung im Waldgarten *Von Wolfgang Reuter*

Bei der Anlage eines Waldgartens mit essbaren Erträgen ist es besonders wichtig, ausreichend Raum für Bestäuber im Design mit einzuplanen. Die meisten Bestäuberarten mögen Sonnenlicht und halten sich deshalb bevorzugt auf Wiesen und an Waldrändern auf, da dort naturgemäß auch ein größeres Nahrungsangebot besteht. Im Kontext eines Waldgartens können jedoch Anreize geschaffen werden, damit sich einige Bestäuber auch im Dickicht der Bäume wohlfühlen und ihre Nistplätze dort einrichten. Dieser Teil beschäftigt sich daher mit den Grundlagen der Bestäubung und den Bestäuberarten und soll Aufschluss darüber geben, welche Elemente im Design berücksichtigt werden können, um einen Lebensraum für viele Insekten zu schaffen und dabei gleichzeitig die Erträge zu steigern.

Bestäubung allgemein

In Deutschland sind etwa 80 % aller blühenden Wild- und Kulturpflanzen von Bestäubung abhängig. Die Allogamie oder Fremdbestäubung fördert zugleich auch die genetische Vielfalt innerhalb einer Pflanzenpopulation, was wiederum eine bessere Anpassung an sich verändernde Standortbedingungen ermöglicht. Die evolutionär älteste und ursprünglichste Form der Fremdbestäubung ist die Windbestäubung, die es auch heute noch bei diversen Gehölzen gibt. Dies setzt jedoch voraus, dass viele Pollen produziert werden und dadurch die Natur sehr verschwenderisch agieren kann. Wesentlich effektiver ist die Bestäubung durch Insekten, die den Pollen an ihrem Körper von Blüte zu Blüte transportieren. Die Natur hat hier einen wundervollen Mechanismus geschaffen, wo Pflanzen und Insekten voneinander profitieren. Die Kronblätter einiger Pflanzen sind nur deshalb so bunt, damit Insekten erkennen, dass sie hier Nahrung finden können. Mit ihren Rüsseln schlürfen sie dann den Nektar aus dem Blütenboden und bedienen sich an den Staubbeuteln mit Pollen, um Nahrung aufzunehmen oder für den Nachwuchs einen Vorrat mitzunehmen. Da viele Bestäuber weit mehr als 1000 Blüten pro Tag anfliegen, ist die Wahrscheinlichkeit sehr groß, dass auch der Pollen einer passenden Blüte mit dabei ist. Dieser bleibt meist an den feinen Härchen der Insekten hängen und setzt sich dann am Stempel der Blüte ab, wo er durch den Griffel in die Samenanlage wandert und die Befruchtung stattfindet. Der ganze Prozess ist äußerst sensibel und Wettereinflüsse spielen dabei eine große Rolle. Wenn es zu kalt oder zu nass ist, fliegen weniger Insekten und es würde bei unter 10 °C auch nicht zu einer Befruchtung kommen. Ist es wiederum zu heiß, kann der Pollen austrocknen oder die Blüte bildet keinen Nektar.

Bestäubende Insekten und andere Tierarten

Die Vielfalt der Pflanzen erfordert auch eine Vielfalt von Helfern, die für die Fremdbestäubung verantwortlich sind. Weltweit leisten Insekten den größten Teil der Bestäubung. Dazu zählen u. a. die Honigbiene, Wildbienen, Hummeln, Schmetterlinge, Käfer und Fliegen. In tropischen Regionen sind oft auch Vögel oder Fledermäuse am Bestäubungsprozess mit beteiligt. Durch die Haltung der Honigbiene *(Apis mellifera)* als Nutztier wird dieser Art eine besondere Rolle für die Bestäubung zugeschrieben. Vor allem kann man durch das Aufstellen von Honigbienenvölkern direkt die Bestäubungsergebnisse auf den umliegenden Flächen beeinflussen. Durch den Körperbau der Honigbiene ist diese jedoch nicht für alle Blüten die am ehesten geeignete Bestäuberart. Zum Beispiel ist der Rüssel der Honigbiene für die Blüte der Tomate zu kurz, um an den Nektar heranzukommen. Hier ist die Dunkle Erdhummel *(Bombus terrestris)* eher geeignet, da sie mit ihrem langen Rüssel problemlos den Nektar am Blütenboden erreicht und den Pollen auf dem Stempel der Tomatenblüte platzieren kann. Für andere Pflanzen wiederum sind andere Wildbienenarten die geeigneten Bestäuber. Pflanzenblüten, die auf Kreuzbestäubung angewiesen sind, d. h., deren Pollen auf die Blüte einer anderen, artgleichen Pflanze übertragen werden muss, werden effektiver z. B. durch die Rote bzw. Gehörnte Mauerbiene *(Osmia bicornis* bzw. *cornuta)* bestäubt. Diese Wildbienenarten leben als Solitärbienen in Löchern im Boden oder Mauerwerken und bauen dort aus einer Mischung aus Lehm und Speichel ihr Nest. Sie fliegen im Radius von bis zu 100 m um ihr Nest und bestäuben bis zu 8000 Blüten pro Tag – im Vergleich dazu bestäubt eine Honigbiene in etwa 2500 Blüten pro Tag. Durch die kurze Distanz und die große Anzahl der angeflogenen Blüten steigt also die Wahrscheinlichkeit, dass es zu einer passenden Kreuzbestäubung kommt. In Deutschland gab es bisher 560 Wildbienenarten, wovon 48 % bestandsgefährdet oder schon ausgestorben sind. Die meisten davon leben als Solitär- bzw. Einsiedlerbienen. Durch die Berücksichtigung von diversen Maßnahmen zur Förderung der Vielfalt, sowohl für Pflanzen als auch für deren Bestäuber, kann man etwas zum Erhalt der Biodiversität beitragen.

Maßnahmen zur Förderung der Bestäubervielfalt

Es gibt viele Maßnahmen, die getroffen werden können, um die Bestäuberdichte und damit auch die Erträge im Waldgarten zu erhöhen.

Hummeln sind für viele Pflanzen ideale Bestäuber, da sie auch bei schlechter Witterung noch auf Nahrungssuche gehen.

Pflanzenvielfalt: Um die Insektenvielfalt zu fördern, sollten möglichst viele unterschiedliche heimische pollen- und nektarspendende Sträucher- und Baumarten in die Anfangsplanung des Waldgartens mit einbezogen werden. Mit der Zeit nimmt durch den Schattendruck der Bäume der Anteil der blühenden Sträucher im Waldgarten tendenziell ab. Dies hat naturgemäß auch zur Folge, dass es zu einem Rückgang der Bestäuberarten innerhalb eines Waldgartens kommt.

Deshalb sollten vor allem die Randzonen eines Waldgartens gut genutzt werden, um dort ausreichend Blühfläche zu integrieren. Auch hier ist es wichtig, möglichst viele heimische Wildkräuter und Blumenarten einzusäen.

Wasserangebot: Alle heimischen Bestäuberarten benötigen Wasser. Aus diesem Grund ist es unabdingbar, bei der Planung eine der Größe des Waldgartens angemessene Wasserstelle oder einen Teich anzulegen. Um das Wasserangebot zu vergrößern, können auch weitere kleinste Wasserstellen einen positiven Beitrag schaffen, wie zum Beispiel Natursteine mit einer Kuhle, wo sich Regenwasser sammeln kann.

Bauliche Maßnahmen: Zu Erhöhung des Nistflächenangebots für diverse Bestäuberarten können einige bauliche Maßnahmen umgesetzt werden.

Trockenmauern und Steinhaufen

Ein beliebtes Element in der Anlage eines bestäuberfreundlichen Gartens ist die Trockenmauer, deren Fugen nicht mit Mörtel verfüllt sind. Aber auch die Zwischenräume in Steinhaufen bieten Platz und Unterschlupf für viele Insekten. Die Errichtung sollte möglichst in einer windgeschützten und sonnigen Lage am Waldrand erfolgen.

Totholz und Habitatbäume

Viele der nützlichen Bestäuberarten suchen Unterschlupf in Totholz. Bevor man also das anfallende Totholz eines Waldgartens durch den Häcksler jagt, kann man es an diversen Stellen zu Haufen aufschichten. Neben Nistmöglichkeiten werden hier Überwinterungsmöglichkeiten und Rückzugsgebiete angeboten.

Eine andere Möglichkeit sind Habitatbäume, also bereits absterbende oder tote Bäume. Vor allem im Waldgarten sollten im Laufe der Zeit einige Habitatbäume stehen bleiben. Diese Bäume bieten mit ihren Hohlräumen Zufluchts-, Brut-, Überwinterungs- oder Nahrungsstätten für Tausende von Arten. Je mehr solcher Mikrohabitate in einem Wald existieren, desto höher ist auch die Vielfalt an Lebewesen, vor allem Insekten.

Bau von Nisthilfen

Um gezielt bestimmte Bestäubergruppen zu fördern, können auch Nisthilfen gebaut und auf der Fläche verteilt werden. Vor allem für Wildbienen, wie die rote und die gehörnte Mauerbiene, können hier Lebensräume geschaffen werden. Da diese höchst effektive Bestäuber sind, wird dadurch gleichzeitig der Ertrag des Gartens positiv beeinflusst. Für den Bau bieten sich Schilfrohre mit einem Durchmesser von 5–10 mm, einer Länge von mindestens 30 cm und geschlossener Rückseite an. Diese können dann in einem kleinen Holzkasten aufgestapelt werden. Holzbohrungen in Faserrichtung, bestenfalls mit unterschiedlichem Durchmesser zwischen 3–8 mm, in einem Holzblock sind ebenfalls geeignet.

Wichtige Hinweise für das Errichten von Nistplätzen

Sonnige und windgeschützte Standorte sind effektiver und werden stärker besiedelt. Bei der Einplanung von Nistflächen im Design muss auch Lehm ausreichend vorhanden sein, da viele der Wildbienen ihn als Baumaterial brauchen. Manche Bestäuberarten konkurrieren mit anderen. Die effektivsten Bestäuberarten, darunter die Honigbiene, Mauerbienen und die Erdhummel, sollten möglichst getrennt voneinander platziert werden. Ein Bienenkasten wird mehr als 20 m von einem Erdhummelvolk oder einer Nisthilfe für Mauerbienen platziert – und andersherum. Außerdem sollte darauf geachtet werden, dass bei einer Vielzahl von Bestäubern auch genügend Nahrungsangebot vorhanden ist.

Pflanzplanung

Rückwärtsplanen mit Pflanzen

Erinnern wir uns an die Pflanzensukzession und die Dynamiken im Waldgarten. Wir können einen Waldgarten aufbauen, indem wir die natürliche Waldentwicklung von der offenen Bodenfläche bis zum Hochwald nachahmen – allerdings im Zeitraffer. Schon im Anfangsstadium des Waldgartens können wir alle oder die meisten Arten des gesamten Entwicklungsablaufes pflanzen. Das ist durchaus sinnvoll, um von Anfang an eine lückenlose Ernte aus allen Stadien zu erzeugen. Erfahrungsgemäß haben wir alle Schwierigkeiten, uns die Entwicklung der Pflanzen von Jahr 1 bis Jahr 50 vorzustellen. Der Trick liegt darin, rückwärts zu planen. Wir beginnen also unseren Pflanzplan mit Jahr 50, wenn die meisten kurzlebigen Gehölze bereits verschwunden sind. Wir setzen also die Eichen, Walnüsse oder Esskastanien mit ihrem Kronendurchmesser von vielleicht 10 m auf den Pflanzplan und lassen dann noch etwas Luft zwischen den Bäumen, damit wir auch in der Spätphase des Waldgartens ausreichend Waldränder haben. Und jetzt schrumpfen wir, Jahr für Jahr rückwärtszählend, die Bäume ein bisschen kleiner. Dort, wo neuer Platz zwischen den geschrumpften Esskastanien entsteht, können die ersten Apfelbäume stehen. Schrumpfen Esskastanien und Apfelbäume weiter, entsteht Platz für Felsenbirnen, Johannisbeeren und schließlich sogar für die Erdbeerwiese. Theoretisch geht es auch andersherum – aber dies erfordert eine gute Pflanzenkenntnis und Vorstellungskraft. Die Erfahrung zeigt, dass wir fast immer dazu tendieren, die Pflanzen zu dicht zu setzen. Beim Rückwärtsplanen sehen wir schnell, welche Folgen dies hätte.

Dynamische Pflanzplanung

Anhand der folgenden Skizzen können wir sehr gut sehen, wie dynamisch sich ein Waldgarten entwickelt. Die Entwicklung wird gekennzeichnet durch einen beständigen Wechsel aus Gehölzen und Stauden, die sich entwickeln, gerade im Vollertrag sind oder bereits wieder das System verlassen. Die Symbole der einzelnen Bäume werden dabei von Jahr zu Jahr größer – genau wie die Größenentwicklung der Pflanzen im Waldgarten. Ob wir solche Pflanzpläne mit der Technik des Rückwärtsplanens erstellen oder mit der ersten Phase beginnen, ist lediglich eine Frage der Vorstellungskraft.

Die verwendeten Symbole kennzeichnen folgende Pflanzen:

 Gemüse, Stauden oder Mulchpflanzen

 Obststräucher

 Bäume der ersten Ertragsphase (z. B. Pflaume und Eberesche), die noch keinen Ertrag liefern.

 Bäume der letzten Ertragsphase (z. B. Walnuss und Esskastanie), die noch keinen Ertrag liefern.

 Bäume im Vollertrag. Der Farbrand markiert, ob es sich um einen Baum der ersten (lila) oder letzten (braun) Ertragsphase handelt.

 Bäume, die das Ertragsende erreicht haben und das System verlassen.

 Neupflanzungen, die nachträglich in das System integriert werden.

Jahr 1–3. Der Waldgarten ist angelegt, Bäume und Sträucher befinden sich in der ersten Wachstumsphase, und Gemüsepflanzen dominieren den Ertrag.

Jahr 3–10. Die Sträucher befinden sich im Hauptertrag. Gegen Ende dieser Phase verschatten bereits die ersten Bäume die Strauchbereiche, und einige Arten wie Himbeeren oder Erdbeeren müssen bereits ersetzt werden. Die Obstbäume tragen schon, vielleicht verlässt auch schon ein Baum das System.

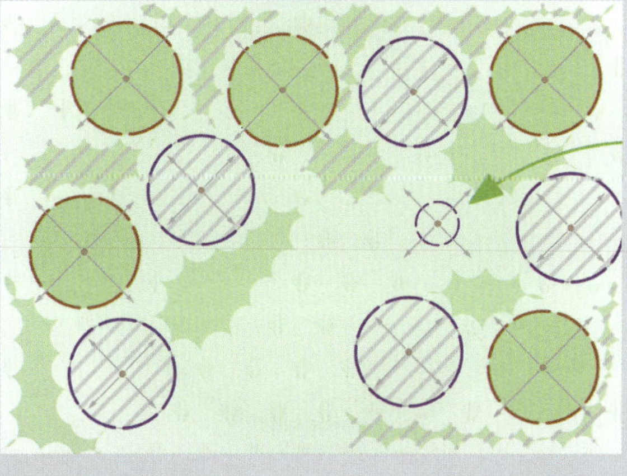

Jahr 10–20. Die Großbäume nehmen bereits viel Platz ein und verdrängen die Sträucher, während die Obstbäume sehr viel Ertrag abwerfen. Zum Ende dieser Phase werden aber die Obstbäume aus dem System entnommen und durch neue Bäume rechtzeitig ersetzt. Es werden auch die ersten Strauchreihen entfernt, damit alle Pflanzen ausreichend Platz finden. Gerade in den Bereichen mit Schüttelobst werden die Sträucher beseitigt, damit die Früchte aufgelesen werden können.

Jahr 20–80. Die Großbäume befinden sich in ihrem Element und nehmen sehr viel Raum ein. Einige Bäume sind aber abgestorben, und die Lücken werden durch neue Obstbäume ersetzt. Dort, wo Obstbäume und Sträucher entfernt wurden, beginnt eine neue Phase mit Gemüse und Sträuchern. Die lichten Bereiche haben jetzt eher die Gestalt einer Lichtung, umgeben von großen, windbrechenden Bäumen. Im Schatten beginnt die Pflanzung mit schattenverträglichen Gemüse- und Staudenarten, dazwischen entstehen wieder neue Strauchbereiche.

Gute und schlechte Kombinationen

Bevor wir die Pflanzenarten auswählen, sollten wir uns gut überlegen, welche Strategie wir bei der Pflanzung verfolgen und uns nicht nur von den Angeboten der Baumschulen leiten lassen. Wichtig ist, welche Pflanzen wir wie miteinander kombinieren wollen.

Ähnlich wie bei der Mischkultur im Gemüsebau, können wir auch Sträucher und Bäume so kombinieren, dass sie sich gegenseitig unterstützen oder sich das Leben schwer machen. Dies macht für einzelne Kombinationen Sinn. Die Kunst, einen Waldgarten zu pflanzen, ist aber noch relativ jung und im Gegensatz zum Gemüsebau fehlen bei vielen der «neuen» Waldgartenpflanzen noch Erfahrungen und Studien.

In der Permakultur spricht man bei Pflanzkombinationen von Gilden. Die Planungsstrategie hinter den Gilden ist, dass wir nicht nur nach dem direkten Nutzen der Pflanze für uns Menschen schauen, sondern uns überlegen, welchen Nutzen die Pflanzen von anderen Pflanzen erhalten können. Bei der Pflanzplanung ist nicht nur zu überlegen, welche Arten zum Standort passen und in welcher zeitlichen Reihenfolge die Pflanzen einen Ertrag abwerfen. Wir sollten auch gut überlegen, welche Hilfestellungen unsere «Zielarten» benötigen. Auf einem nährstoffarmen Gelände können dies stickstoffbindende Pflanzen sein, die mithilfe von Knöllchenbakterien den Luftstickstoff in pflanzenverfügbaren Stickstoff umwandeln. Diese werden dann neben unsere Zielart gepflanzt und immer wieder leicht zurückgeschnitten, woraufhin im Boden der Stickstoff freigesetzt wird. Oder wir benötigen eine Wühlmausabwehr in Form stark riechender Pflanzen. Vielleicht geht es aber auch um Bodenbedeckung, Humusaufbau oder das Anlocken von Bestäubern oder Nützlingen. Wir können hier ein ökologisches System aufbauen, dessen Teile sich gegenseitig fördern. Dies bedarf einer guten Pflanzenkenntnis oder entsprechender Datenbanken. Entscheidend ist am Anfang die Frage: Was brauchen wir für Funktionen in unserem System? Ist es vielleicht doch der dynamische Akkumulator; also Pflanzen, die bestimmte Stoffe aus dem Boden holen und in ihren Blättern einlagern, oder eine Wuchsbarriere für durchsetzungsstarke Wildkräuter? Eine Unterstützung in diesem Sinne kann auch die unterschiedliche Nutzung derselben Ressource sein. Eine essbare Schattenstaude wie Funkie oder Süßdolde kann den gleichen Standort einnehmen wie der darüberstehende Baum, Pflanzen mit unterschiedlich tiefen Wurzeln wie Felsenbirne (flach) und Mispel (tief) beleben einen gemeinsam genutzten Standort, da sie die Nährstoffe und Wasser aus anderen Bodenschichten beziehen. Bevor wir also unter die Liste unserer Zielarten einen Haken setzen, sollten wir eine Liste mit Funktionen anlegen, die wir für die ein oder andere Pflanze oder das gesamte Areal benötigen. Je nach Standort ist es nicht ungewöhnlich, wenn später mehr als die Hälfte der gesetzten Pflanzen eine eher unterstützende Funktion hat und nicht unmittelbar zum Verzehr geeignet ist.

Neben der direkten Förderung einer Funktion gibt es auch strategische Kriterien, nach denen wir festlegen können, welche Kombinationen möglicherweise gut und welche möglicherweise ungünstig sind. Dass wir vorher die Pflanzenarten passend zu den Standortbedingungen – also dem Boden und dem Klima– auswählen, versteht sich von selbst. Ein Kriterium ist in jedem Fall, wie das Obst geerntet werden soll. Haben wir Obst oder Nüsse, die wir vom Boden auflesen, ist es Unsinn, den Boden unter den Bäumen mit niedrigen Sträuchern zu bepflanzen.

Ein Teil der Esskastanien wird hier wohl in den Brombeeren landen.

Der Boden sollte also, zumindest zum Erntezeitpunkt, frei sein. Und selbst hier können wir abstufen. Eine Maulbeere wird zum Beispiel geerntet, indem wir die frisch abgefallenen Beeren vom Boden auflesen. Hier bietet sich also ein sehr kurzer Rasen an, von dem die Beeren aufgelesen werden können. Möchten wir dagegen Walnüsse aufsammeln, können während der Vegetationsperiode im Sommer hier krautige Pflanzen wachsen, die nur vor der Ernte der Walnüsse gemäht werden. Wenn wir Äpfel als Fallobst ernten möchten, um daraus Saft zu gewinnen, sollte der Boden ebenfalls zur Ernte relativ frei sein. Möchten wir die Äpfel hingegen pflücken, um sie als Tafelobst zu verwenden, brauchen wir lediglich ausreichend Platz, um eine Leiter anzustellen.

Dann müssen wir entscheiden, ob bei uns Pflanzenkombinationen möglich sind, bei denen wir zwei verträgliche Gehölze an denselben Standort setzen. Pflanzen wir etwa einen Walnussbaum, trägt dieser erst Mitte, teilweise sogar erst Ende Mai Blätter.

Alles ist schon grün, nur die Walnuss ist Ende Mai noch kahl.

Sehr früh im Jahr tragendes Beerenobst wie die Honigbeere könnte also durchaus unter dem Baum stehen, solange es nicht Unverträglichkeiten mit der Walnuss hat, wie etwa der Rhabarber. Walnüsse sondern insbesondere in der Jugend den Stoff Juglon ab. Dieser Stoff ist keimhemmend und macht anderen Pflanzen teilweise das Leben schwer.

Auch zeitlich versetzte Kombinationen sind sinnvoll. Gerade wenn es um eine schnelle Strukturbildung mit Gehölzen geht, um Windschutz oder eine leichte Beschattung des Geländes zu erreichen, können wir Gehölze für die Blatternte verwenden. Wir könnten Linden *(Tilia cordata)* pflanzen und diese 4–5 m hoch werden lassen. Nach 2–3 Jahren pflanzen wir dann die etwas frostempfindlicheren Bäume wie Maulbeere oder den Chinesischen Gemüsebaum *(Toona sinensis)* dazwischen.

Die Linden bilden einen schnellen Windschutz und eine leichte Verschattung. Dazwischen stehen im Schutz der Linden die ersten Obstbäume.

Da wir beim Gemüsebaum und bei der Linde die frischen Triebe und Blätter ernten, ist es sinnvoll, diese wie eine Kopfweide zu beschneiden. Das bedeutet, wir kürzen den Baum nach einigen Jahren auf eine Höhe von 2 m. So kommen wir problemlos immer wieder an die frischen Austriebe. Nach diesem Rückschnitt erhält der Boden darunter wieder mehr Sonnenlicht und kann mit weiteren Sträuchern oder Gemüse unterpflanzt werden. So könnten wir eine Kopfbaumplantage mit essbaren Blättern und köstlichen Früchten kombinieren.

Nach dem Rückschnitt der Linden erhalten die jetzt etwas stabileren Obstbäume das volle Sonnenlicht.

Ein weiterer Aspekt sind natürlich die Größe und Entwicklung einer Pflanzenart. Wir sollten also eine Vorstellung davon haben, wie schnell die Pflanze wächst, wie groß sie wird und wann sie diese Größe erreicht. Bei einem langsam wachsenden Baum können wir in seinem unmittelbaren Umfeld viele Jahre lang schnellwüchsige, aber kurzlebige Beerensträucher anbauen. Sie stellen für den Baum keine Konkurrenz dar und wir können relativ problemlos jahrelang ernten, bevor der Baum eine Größe erreicht hat, die den Beerenertrag unrentabel macht. Damit haben wir uns in dem Kapitel über die Dynamik der Pflanzen bereits befasst.

Ebenfalls ausgesprochen wichtig ist, wie durchsetzungsstark eine Pflanze ist. Setzen wir die sehr durchsetzungsstarke Brombeere neben eine relativ schwachwüchsige Honigbeere *(Lonicera kamtschatica)*, wird letztere das Wettrennen nicht überleben. Starkwüchsige Gehölze und Stauden sollten also nicht mit schwachwüchsigen Arten kombiniert werden. Das artet sonst wirklich in Arbeit aus. Wenn bestimmte Arten durchsetzungsstark sind, sollten diese entweder dort stehen, wo alle anderen Arten höher wachsen. Dann stellen sie nicht wirklich eine Konkurrenz dar, sondern bilden lediglich relativ homogene Bestände unter den Bäumen. Oder es braucht Strukturen, die diese Arten eingrenzen. Das kann ein Gewässer sein, ein Weg, ein sehr schattiger Bereich, in den sie nicht hineinwachsen, oder eine Weidefläche. Es macht hier augenscheinlich auch Sinn, dass die starkwüchsigen, ausbreitungsstarken Pflanzen eher in den extensiven Bereichen des Gartens gepflanzt werden. Je weniger durchsetzungsstark eine Pflanze ist, umso näher sollte sie in unserem Blickfeld wachsen.

Es macht einen ziemlichen Unterschied, ob wir an einen Hausgarten oder ein größeres Ertragssystem denken. Insbesondere größere Waldgärten, die wirtschaftlich betrieben werden sollen, werden auch mit dem Thema Pflanzenschutz zu tun haben. Dies ist im Hausgarten auch der Fall, wenn hier Maßnahmen durchgeführt werden sollen, können diese aber in aller Regel sehr dosiert auf einzelne Pflanzen begrenzt werden. Bei größeren Anlagen, die aus Gründen der Ernte und des Vertriebes weniger artenreich sind, wird Pflanzenschutz eine Rolle spielen. Wenn wir aber mit Kulturen arbeiten, die sehr unterschiedliche Erntezeitpunkte haben, ist es unter Umständen gar nicht möglich, ein Pflanzenschutzmittel auszubringen. Auch im biologischen Landbau gilt generell: keine Behandlung von Obstbäumen, wenn darunter erntereife Gemüse- oder Beerenobstkulturen stehen. Für fast jedes Mittel gilt eine bestimmte Wartezeit und eine bestimmte Wirkung auf andere Pflanzen. Wir können also nicht gegen einen bestimmten Blattpilz auf einem Apfel spritzen, den wir erst in 2 Monaten ernten wollen, wenn unter dem Apfel Himbeeren stehen, die in einer Woche geerntet werden sollen. Bei solchen Kombinationen ist es sinnvoll, Pflanzen mit weit auseinanderliegenden Erntezeitpunkten auszuwählen. Aber auch dann kann es zu Komplikationen kommen. Vielleicht liegt die Antwort eher in der syntropischen Landwirtschaft, die nicht auf den Einsatz von Hilfsmitteln zur Bekämpfung von Krankheiten und Schädlingen setzt, sondern diese als Indikatoren für Fehler in der Pflanzung und als Fehlleistung bei der Nachahmung der natürlichen Zusammenhänge versteht.

Umwandlung von Rasenflächen

Spannend ist natürlich, wie man einen Waldgarten starten kann, wenn es keinen «offenen» Boden gibt, sondern eine Rasen- oder Wiesenfläche. Wir könnten einfach ein paar Löcher in den Rasen buddeln, Bäume und Sträucher anpflanzen – fertig. Das wäre einfach, aber nicht besonders effektiv. Gärtner sprechen bei Rasen manchmal etwas theatralisch vom «grünen Leichentuch der Bäume». Das bedeutet nicht, dass ein Baum, etwa der Apfel auf der Streuobstwiese, dort nicht wachsen kann. Aber die Möglichkeiten zur Aufnahme von Wasser und Nährstoffen sind teilweise stark eingeschränkt. Bei sehr dichten Grasflächen wird bis zu einem Drittel des Regenwassers durch die Grasschicht zurückgehalten. Bäume entwickeln sich nämlich erst so richtig, wenn durch die Verschattung der Sträucher die Gräser schon sehr weit zurückgedrängt wurden. Auch die Baumscheibe bei Obstbäumen, also ein Beet ohne Gräser unter der Krone von Obstbäumen, hat diesen Hintergrund. Den Rasen zu beseitigen, hilft also den Gehölzen. Dies sehen wir auch bei der Sanierung alter Bäume in Parkanlagen. Dort wird häufig der gesamte Rasen unter der Baumkrone entfernt und der Baum bekommt eine zweite Jugend. Ein weiteres Argument für die Beseitigung ist schlicht, dass wir die freie Fläche zwischen den Gehölzen wunderbar nutzen können, um Gemüse anzubauen. Wie bekommen wir den Rasen aber weg? Dies ist eine Frage der Flächengröße und der Zeit.

Maschinelles Abtragen: Ganz Eilige können den Rasen mit einem Bagger abziehen, was viel Energie und 10 cm Humus kostet. Besser sind sogenannte Rasenschälmaschinen. Die sehen im Prinzip aus wie ein Rasenmäher und schälen den Rasen 3 cm stark ab. Dieser kann dann aufgerollt werden wie ein Teppich. Daraus können Kreative sich schöne Rasensofas bauen, indem sie die Soden in Form eines Sofas aufeinanderstapeln, festklopfen und angießen. Dann wächst das Sofa schon und man kann auch mal Pause im Waldgarten machen. Aber auch bei Rasenschälmaschinen haben wir einen Humusverlust.

Rasensofa, frisch angewachsen

Tierisches Abtragen. Wer die Möglichkeit hat, (temporär) Schweine oder Hühner zu halten, kann diese zum Beseitigen der Grasnarbe einsetzen. Schweine können hier die Vorarbeit leisten, die Hühner machen dann das Feinplanum. So haben alle etwas davon: Die Tiere haben etwas zu fressen und der Waldgarten wird gepflügt und gedüngt. Bei größeren Flächen lassen sich daraus Zyklen zwischen Beweidung, Umgraben und Pflanzung erstellen.

Abmulchen. Eine schöne Möglichkeit, den Rasen zu beseitigen, ist es, den Rasen mit Pappe oder einer dicken Mulchschicht abzudecken. Unter dieser Schicht wird der Rasen innerhalb einer Vegetationsperiode kompostieren, da er kein Licht mehr bekommt. Eine Mulchschicht ohne Pappe sollte an die 30 cm stark sein, damit wirklich kein Licht an die Grasnarbe dringt. Als Faustformel gilt: Für 10 m² Mulchfläche braucht es 100 m² Wiesenfläche zur Mulchgewinnung. Wenn wir Pappe verwenden (keine bedruckten Hochglanzpapiere), sollte diese möglichst gut überlappend verlegt werden. Für große Flächen gibt es im Fachhandel auch große Papprollen für den Gemüsebau. Damit lassen sich sogar Flächen von vielen Hundert Quadratmetern wirtschaftlich abmulchen. Die Pappe muss dann noch abgedeckt und beschwert werden, damit sie nicht wegfliegt und unser Waldgarten nicht mit dem Charme einer Mülldeponie startet. Ist der Rasen beseitigt, gibt es mehrere Möglichkeiten, diese Situation zu nutzen.

Ernteertrag während der Vorbereitungsphase

Noch bevor die ersten Gehölze Früchte tragen, können wir in der Krautschicht ernten. Auf die Pappe oder in die Mulchschicht legen wir Kartoffeln, sogenannte Heukartoffeln. Wenn die Kartoffeln auf der Pappe mit organischem Material abgedeckt werden, sodass kein Licht an die Kartoffeln gelangt, entwickeln sich in der Mulchschicht Kartoffelpflanzen. Im Herbst, wenn die Kartoffeln erntereif sind, werden sie lediglich zusammengeharkt.

Die Rasenfläche ist bereits mit Stroh abgedeckt. Unter das Stroh kommen jetzt die Heukartoffeln.

Eine andere Möglichkeit besteht darin, auf der Pappe oder alternativ auf einem Mulchvlies (es gibt Vliese im Fachhandel, die aus organischem Material bestehen und innerhalb weniger Jahre vollständig abgebaut werden) Komposthügel aufzuschichten, auf denen wir dann Starkzehrer, wie Zucchini oder Kürbis, pflanzen.

Bei stark verkrauteten Flächen oder sehr durchsetzungsstarken Wiesen kann ein Mulchvlies aus biologisch abbaubarem Material sehr viel Pflegearbeit ersparen.

Diese Pflanzen überwachsen dann die Pappe und wir können bereits im ersten Jahr ernten, während unter der Pappe das Gras zu krümeligem Kompost wird. Eine weitere Möglichkeit auf der Pappe zu arbeiten, sind Strohballenbeete. Dazu werden Strohballen in langen Reihen auf die Pappe gestellt und am Ende der Reihe mit eingeschlagenen Holzpflöcken fixiert.

Ein Strohballenbeet eignet sich insbesondere für die Startphase im Waldgarten, da so Bodenaufbau und eine arbeitsarme Anbaumethode kombiniert werden können.

Nun gräbt man kleine Löcher oben in die Ballen, füllt etwas Kompost hinein und pflanzt dort Gemüse ein. Dies ist sehr einfach und arbeitssparend. Es gibt praktisch keine Wühlmäuse, die Ballen halten sehr viel Wasser und ziehen dies auch aus dem Boden nach oben und es wächst kein Beikraut. Nach einem Jahr zerfallen die Ballen langsam und das Stroh wird auf der Fläche verteilt. Dies kann man 1–3 Jahre lang machen – eine gute Methode, um sich mit dem Gemüsebau vertraut zu machen und ganz nebenbei eine Humusschicht für den Waldgarten aufzubauen. Die Startbedingungen für den Waldgarten sind geschaffen.

Üppige Ernte in der ersten Saison

Wenn wir noch ein bisschen mehr «schnellen Waldcharakter» haben möchten, können wir auch schon lange Haselnussstangen als Dreibeine aufstellen und diese mit Stangenbohnen und rankenden Kürbissen bepflanzen. So entsteht sehr schnell eine waldähnliche Situation, die auch schon einige Vorteile des Waldes mit sich bringt: lichter Schatten und weniger Wind. Dadurch gelangt mehr Luftfeuchtigkeit in unser System und es ist im Sommer nicht mehr so heiß wie in einem reinen Gemüsebeet.

Beispiele für unterschiedliche Standorttypen

Wir wollen im folgenden Kapitel unterschiedliche Szenarien mit den passenden Strategien für Waldgärten darstellen. Natürlich gibt es keine fertigen Rezepte, der Witz der Planung liegt vielmehr in der richtigen Einschätzung der Situation und der daraus folgenden Strategie. Bei der Wahl der Strategie sind neben dem Standort ja noch mehr Faktoren wie Ernte, Finanzen, Wilddruck oder persönliche Vorlieben von Bedeutung. Die folgenden Beispiele sollen aber dazu beitragen, einen Ansatz für die eigene Strategie zu finden.

Obstwiese

Wenn wir eine bestehende Obstwiese in einen Waldgarten umwandeln wollen, können wir in der Regel davon ausgehen, dass wir bereits einen recht gut entwickelten Boden haben. Das System ist schon viele Jahre alt, daher sollten die Bodenlebewesen ihren Job gemacht haben. Eine Obstwiese stellt in der Sukzession so etwas wie einen Vorwald dar. Es wachsen bereits krautige Pflanzen (die Wiese) und ein lichter Baumbestand (die Obstbäume). Das System ist in einer Phase, bei der sich in einem natürlichen Wald als nächstes die Bäume des letzten Stadiums entwickeln würden – Eichen und Buchen. In den Lücken zwischen den Bäumen ist dagegen noch so viel Licht, dass sich hier ein Waldrand aus Sträuchern bilden würde. Je nach Bodenart könnten die neuen Bäume im Waldgarten nun Walnüsse *(Juglans regia)*, Esskastanien *(Castanea sativa)*, Linden *(Tilia cordata)* oder Großfrüchtige Eichen *(Quercus macrocarpa)* sein. Diese Bäume entwickeln sich, genau wie an ihrem natürlichen Standort, am besten in einem lichten Vorwald. Eine Walnuss, die einsam auf einem Acker steht, wird sich nicht so wohl fühlen wie eine, die von anderen Bäumen umgeben ist.

Junger Walnussbaum an seinem natürlichen Standort – dem Dickicht eines Vorwaldes

Je nach Alter und Abstand der Obstbäume können wir also direkt in die Phase des Hochwaldes gehen. Haben wir ausreichend Licht und Platz zwischen den Bäumen, können wir auch die Strauchphase neu entwickeln. Dies wäre zwar eigentlich eine Stufe rückwärts in der Sukzession, kann aber durchaus Sinn machen. Wichtig ist bei einer Entscheidung für die Strauchphase, wie die Obstbäume geerntet werden. Bei Pflückobst, wie Kirschen oder auch Lageräpfel, ist eine Unterpflanzung relativ gut möglich, da wir für die Ernte nur ausreichend Platz für eine Leiter brauchen. Wenn wir allerdings z. B. Äpfel als Schüttelobst nutzen, die Äpfel also vom Boden aufgelesen werden, sollte der Bereich unter der Baumkrone natürlich frei bleiben. Bäume, die nicht mehr tragen, eine schlechte Fruchtqualität haben und auch als Bestäuber nicht benötigt werden, können wir zurückschneiden und als Klettergerüst für Kiwi *(Actinidia arguta)*, Klettergurke *(Akebia quinata)* oder Wein benutzen. Sollen Bäume ganz gefällt werden, können die Stämme zur Pilzzucht verwendet werden. Wie in einem natürlichen System entsteht im Prinzip kein Abfall und jede Phase der Entwicklung kann genutzt werden.

Trockenstandorte

Die Neuanlage eines Waldgartens auf Sandboden ist eine spannende Aufgabe und kann in sehr schöner Weise zeigen, wie leistungsstark Waldgärten sein können. Sehr sandige Böden sind auch in den gemäßigten Breiten mittlerweile eine echte Herausforderung für die Landwirtschaft, da das zur Verfügung stehende Wasser der begrenzende Faktor ist. Sandboden zeichnet sich durch eine geringe Wasserhaltefähigkeit und wenig Nährstoffe aus.

Auf solchen Extremstandorten sind gute Strategien gefragt.

Naheliegend ist also die Frage, ob wir versuchen sollten, dies zu verändern. Ein wichtiges Prinzip in der Permakultur ist es, die Stärken eines Systems zu erkennen und zu nutzen. Was also können die Stärken eines Sandbodens sein? Wer schon einmal auf unterschiedlich nährstoffreichen Böden gearbeitet hat, wird festgestellt haben, dass ein Sandboden bei der Pflege wesentlich weniger Arbeit macht als ein sogenannter «guter Boden». Der Grund hierfür ist sehr einfach: Auf Sandboden wachsen nur die Spezialisten, die mit diesen mageren Bedingungen zurechtkommen. Das bedeutet, dass wir einen sehr geringen Konkurrenzdruck für unsere Pflanzen zu erwarten haben. Hier gibt es keine Brennnesseln und keinen Giersch, die die Jungpflanzen und die Krautschicht überwuchern. Gleichzeitig bedeutet ein nährstoffarmer und trockener Boden aber auch, dass wir einen geringeren Ertrag in Bezug auf die Masse erreichen. Möglich wäre, dass wir bei kleinen Flächen versuchen, Humus und eine gute Wasserhaltefähigkeit des Bodens aufzubauen, damit der Ertrag dieser Fläche für unsere Selbstversorgung ausreicht. Auf größeren Flächen kann es sinnvoll sein, den Sandboden so zu nutzen, wie er ist, sodass wir diese bewirtschaften können, ohne dass uns die Pflege über den Kopf wächst.

Welche Strategien können also zum Einsatz kommen? Betrachten wir als erstes das Thema Wasser. Wenn der Boden wenig Wasser hält, wir aber einen Wald aufbauen möchten, ist Bewässerung in den ersten Jahren extrem wichtig. Die neugepflanzten Bäume benötigen Wasser, bis sie sich durch die Neubildung von Wurzeln selbst versorgen können. Wir müssen uns also sicher sein, dass ausreichend Wasser für die Bewässerung der neugepflanzten Bäume und Sträucher vorhanden ist. Wenn wenig Wasser als Gießwasser zur Verfügung steht, gibt es einige Möglichkeiten, die Bäume in den ersten Jahren auf indirekte Weise mit Wasser zu versorgen.

Zum Beispiel können wir organisches Material in den Boden einbringen. Eine Variante wäre das sogenannte Schwammbeet. Hierzu werden flache Mulden ausgehoben, etwa 3 m Durchmesser und 1–1,5 m tief. Diese Mulden werden mit organischem Material gefüllt, also Laub, Zweigen oder Grasschnitt. Wenn es regnet, saugt das organische Material die Feuchtigkeit wie ein Schwamm auf.

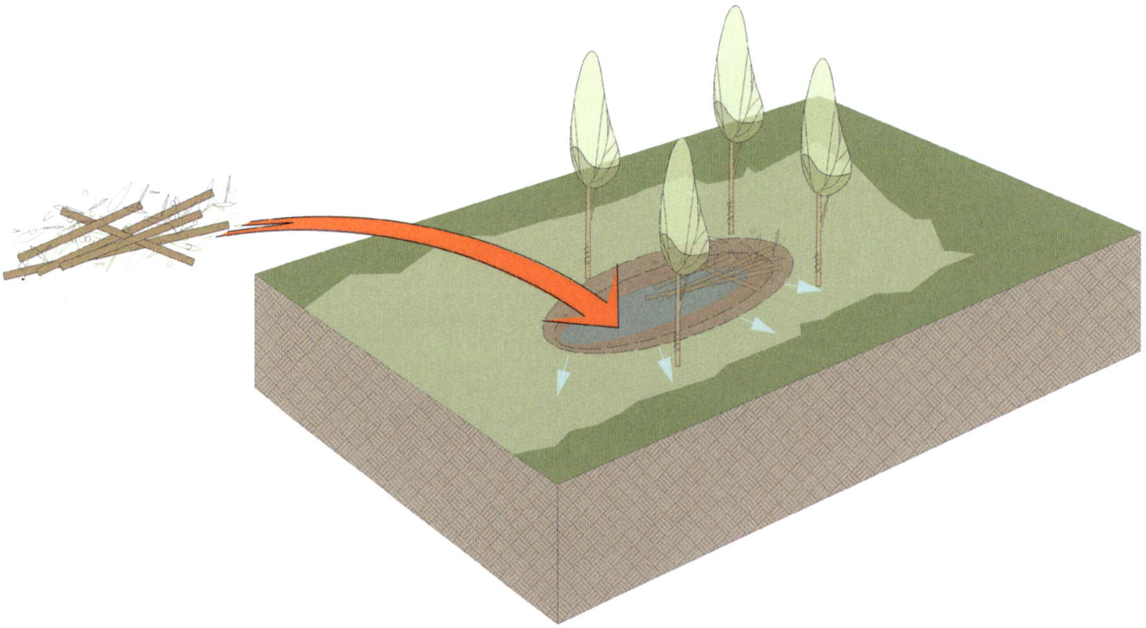

Ein Schwammbeet sammelt das Oberflächenwasser für die trockenen Zeiten.

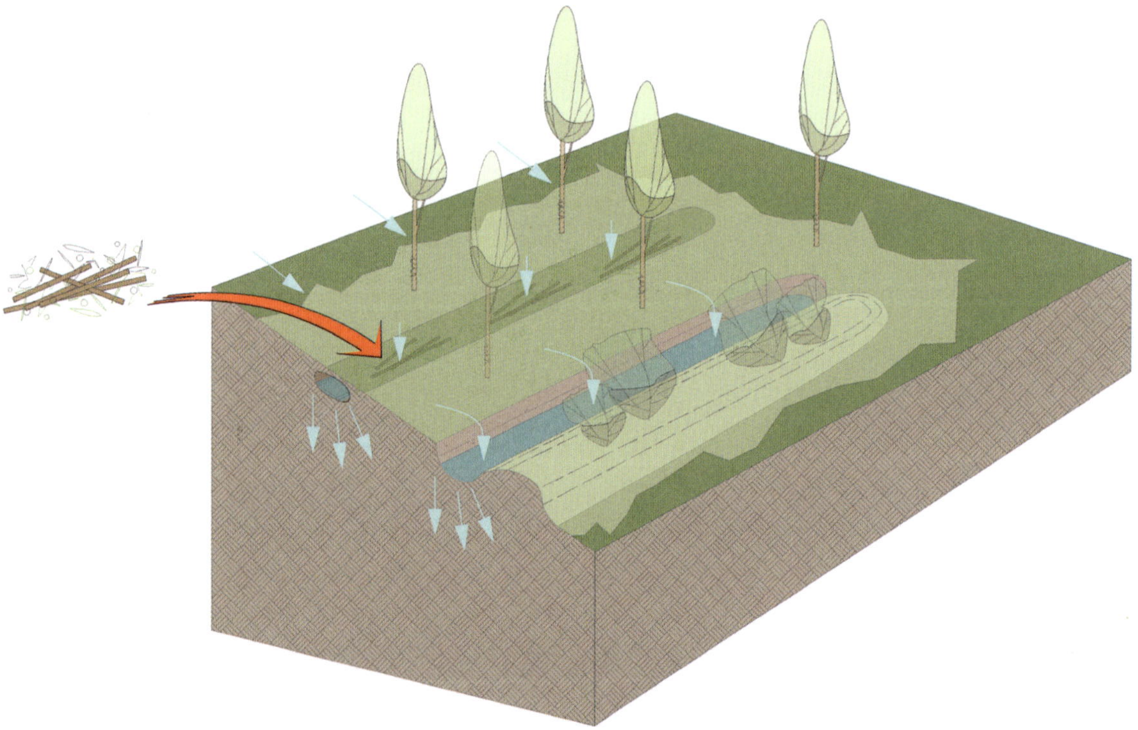

Kleine Gräben, sogenannte Swales, speichern das Oberflächenwasser entlang einer Höhenlinie. Werden diese Gräben zusätzlich mit organischem Material befüllt – z. B. einem Biorollo – siedeln sich gleichzeitig Mikroorganismen an.

Die Bäume und Sträucher, die um das Schwammbeet gepflanzt wurden, können so in trockenen Zeiten das Wasser förmlich aus diesem Schwamm saugen. Dieses Prinzip kann sehr variantenreich umgesetzt werden.

Gerade für Pflanzungen, die entlang einer Höhenlinie gesetzt werden, kann sich auch ein sogenanntes Biorollo, auch Faschine genannt, anbieten. Normalerweise werden solche Biorollos für den Erosionsschutz eingesetzt. Hierfür werden Zweige zu langen, etwa 40 cm dicken Bündeln verschnürt, die 4–5 m lang sein können. Entlang der Höhenlinie werden 40 cm tiefe Gräben gezogen, in welche die Rollos gelegt werden. Die Bäume und Sträucher werden nun entlang der Rollos gesetzt und versorgen sich wie beim Schwammbeet mit Wasser. Ein weiterer Effekt des organischen Materials in Sandböden ist, dass sich Mikroorganismen an diese Strukturen anheften und sich das Bodenleben aktiviert. Biorollos und Schwammbeete sind also in erster Linie Methoden, um arme Böden zu aktivieren.

Zwischen den Obstbäumen werden Gräben ausgehoben. In die Gräben wird organisches Material gefüllt, z. B. ein Biorollo.

Der nächste Punkt bei Sandböden ist die Nährstoffversorgung. Wir sollten prüfen, ob es Nährstoffe in unserem System gibt, die noch nicht sinnvoll integriert sind. Gibt es also organisches Material oder Tierdung, die zum Einsatz kommen können? Wenn nicht, eignen sich Pflanzen, die den Luftstickstoff mithilfe von Knöllchenbakterien in pflanzenverfügbaren Stickstoff umwandeln. Dieses Phänomen ist vielen wahrscheinlich bekannt von Lupinen oder Klee. Aber auch bestimmte Sträucher sind hierzu in der Lage. Für unseren Waldgarten könnten dies zum Beispiel Ginster, Erbsenstrauch oder Ölweiden sein. Ölweiden sind anspruchslose Pflanzen (siehe Seite 156), die nicht nur Stickstoff in den Boden bringen, sondern auch wohlschmeckende Früchte tragen. Schneidet man die Zweige der Ölweide immer wieder zurück, wird Stickstoff im Boden freigesetzt.

Dem Wasser- und Nährstoffmangel kann noch auf eine weitere Art begegnet werden. Wie bei jeder Sukzession stehen am Anfang anspruchslose Pflanzen, die den Humusgehalt im Boden erhöhen und durch Windschutz und Schatten den Wasserhaushalt verbessern. Wir können also in den ersten Jahren schnellwüchsige Gehölze pflanzen, die dem Bodenaufbau dienen. Auch hier eignet sich wieder die Ölweide oder auch beispielsweise Ginster. Im Schutz dieser Pflanzen wachsen jetzt die Gehölze unseres Waldgartens heran. Parallel zur Gehölzpflanzung werden ein- oder mehrjährige krautige Pflanzen gesetzt. Diese bringen den ersten Ertrag des Systems. Geeignet sind Pflanzen, wie Grünspargel, Buchweizen oder Artischocken, die mit weniger Wasser und Humus zurechtkommen. Wenn möglich, sollte der Boden gemulcht werden, um die jungen Gehölze und Stauden vor Austrocknung zu schützen.

Je nachdem, wie sehr wir einen Standort in Bezug auf Bodenaufbau, Humus, Nährstoffe oder Wind verbessern wollen, können entsprechend mehr «Strategiepflanzen» zum Einsatz kommen. Ein Waldgarten muss nicht zwangsläufig nur aus essbaren Pflanzen bestehen. Gerade bei Trockenstandorten sind auch Pflanzungen mit Ginster, Birken etc. mit bis zu 80 % des Pflanzenanteils unter Umständen sinnvoll, wenn beispielsweise die Wasserhaltefähigkeit und der Humusgehalt oder die Austrocknung durch Wind den anderen Pflanzenaufwuchs zu stark beeinträchtigen. Es geht darum, ein gutes System aufzubauen und die Pflanzen, die wir ernten wollen, möglichst effektiv und ohne weiteres Zutun zu fördern.

Wald

Wenn man einen Waldgarten anlegen möchte, klingt es erst mal naheliegend, sich einen Wald zu kaufen, das ist aber zumindest in Deutschland die Form des Waldgartens, die rechtlich am kompliziertesten zu verwirklichen ist. Theoretisch ist es möglich, auch im Wald etwas anderes als Holz zu ernten. Die sogenannten Waldnebenprodukte können geerntet und auch angebaut werden, wenn die wesentlichen Funktionen des Waldes erhalten bleiben. Wesentlich ist zum Beispiel, dass die Erholungsfunktion für den Menschen weiterhin besteht – der Waldgarten also nicht eingezäunt wird. Weiter ist zu berücksichtigen, inwieweit die Bodenvegetation und der Waldbestand verändert wird. Auch der Bestockungsgrad – also vereinfacht gesagt die Menge an Bäumen, die normalerweise an diesem Standort wachsen würden – darf nicht weniger als 40 % der standortüblichen Menge betragen, wenn wir einen Waldgarten anlegen. Details hierzu sind eigentlich nur in Abstimmung mit den Forstbehörden möglich.

Es gibt einige Gehölze, die sowohl als Forstbaum als auch für einen Waldgarten interessant sind. Hierzu zählen z. B. Walnuss, Esskastanie, gegebenenfalls Linde, Speierling und vielleicht noch Kirschen oder Elsbeere. Natürlich können auch Blaubeeren, Himbeeren, Holunder oder Ebereschen gepflanzt werden. Aber schon die Zuchtsorten dieser Pflanzen sind im Forst nicht vorgesehen. Wir haben schon häufiger einen Wildobststreifen an einen Waldrand gepflanzt – aber immer nach Absprache mit der unteren Naturschutzbehörde. Hier wurden aber ausschließlich Wildobstpflanzen wie Brombeere, Pimpernuss *(Staphylea pinnata)*, Holunder, Weißdorn, Haselnuss oder Kornelkirsche gesetzt.

Kornelkirsche, hier eine verbesserte Kultursorte

Da es sich beim Waldrand häufig um Pflanzungen in der freien Landschaft handelt, schreibt das Gesetz die Verwendung von autochthonem Pflanzgut vor. Das bedeutet, die Pflanzen müssen ursprünglich aus einem vorgeschriebenen Gebiet und von einer zertifizierten Baumschule kommen. Man will durch diese Vorschriften verhindern, dass lokale Typen aus der Landschaft verdrängt oder durchmischt werden. Da die reinen Wildarten aber im Vergleich zu den Ertragssorten in der Regel kleiner, saurer und weniger ertragreich sind, lohnt normalerweise der Anbau kaum. Zumindest nicht, um es als Frischobst zu ernten. Wenn man auf solche Hürden trifft, muss dies aber nicht das Ende vom Lied sein. Bei autochthonem Wildobst kann z. B. die Weiterverarbeitung zu Obstbrand oder Likör ausgesprochen interessant sein. Der herbe Geschmack der Pflanzen ist durchaus gewünscht. Es gilt also nur, die richtige Verwendung zu finden.

Verwilderter Obstgarten

In einem verwilderten Obstgarten gilt es, zuerst die Situation genau zu beobachten und zu analysieren, also möglichst viele Pflanzen zu bestimmen. Wahrscheinlich werden wir überrascht sein, wie viele essbare Arten sich schon im Garten befinden. Nach der Auflistung der Arten erfolgt die Auswahl innerhalb der Art. Häufig finden sich in verwilderten Gärten viele Sämlinge von Kulturpflanzen. Diese können interessante Exemplare hervorbringen, mitunter aber auch sehr schlecht schmeckende oder wenig Ertrag liefernde. Daher kann es notwendig sein, das ganze erste Jahr lang zu beobachten und alle Pflanzen zu markieren, die wir erhalten möchten.

Ein verwilderter Obstgarten mit Austrieben von Pflaumen

Dann versuchen wir anhand der Verteilung von Sträuchern und Baumarten zu bestimmen, in welcher Sukzessionsstufe sich der Garten befindet, nachdem wir die nicht erwünschten Gehölze entfernt haben. Ist es vielleicht sogar schon ein Wald? Oder beginnt erst die große Phase der Sträucher? Gerade bei größeren Gärten besteht die Gefahr, durch unüberlegte Eingriffe ein System sehr arbeitsaufwendig zu machen.

Wenn zum Beispiel ein sehr dichter Baumbestand vorherrscht, im Garten aber überall Brombeeren oder Hartriegel wachsen, werden diese sich nach einer Auslichtung der Bäume schnell zu einem undurchdringlichen Dickicht ausbreiten. Durch die Beseitigung der Bäume haben wir den Garten zurück in die Strauchphase versetzt. Wenn es sich dabei um stark wuchernde Arten handelt, kann so ein Garten schnell sehr viel Arbeit machen. Wir nehmen also nur wenige Bäume aus dem Bestand, damit das Unterholz nicht zu viel Licht bekommt.

Werden zu viele Bäume gleichzeitig entnommen, kommt viel Licht auf den Boden und die Strauchphase startet sehr intensiv.

Oder wir entfernen das Unterholz und ersetzen die Pflanzen durch für unser System geeignetere Arten. Wir können uns also in der Sukzession immer ein wenig nach vorne oder hinten bewegen. Entfernen wir viele Bäume, starten wir die Strauchphase neu. Wir können aber auch eine unerwünschte Strauchphase beenden, indem wir zum Beispiel Bäume in ein Brombeerdickicht pflanzen. Diese werden dann beschattet und nach und nach verdrängt. Hier zeigt sich sehr deutlich, dass die Natur in bestimmten Rhythmen und Mustern arbeitet. Jede Entwicklungsstufe hat ihre Aufgabe und ihren Zeitraum. Ignoriert man diese Muster, indem zum Beispiel eine Entwicklungsstufe wie der Vorwald oder die Strauchphase übersprungen wird, läuft das System in der Regel unrund. Ein weiteres Phänomen bei verwilderten Gärten ist häufig, dass die Pflanzen sehr dicht zusammenstehen und dadurch in die Höhe getrieben werden.

Häufig stehen in verwilderten Gärten viele Bäume dicht beieinander.

Dies kennen wir aus jungen Wäldern: Auch hier stehen die Bäume sehr dicht, erst im späteren Hochwald sehen wir die großen Abstände zwischen den Bäumen. Das bedeutet für unser System, dass die Bäume höher werden, als wir sie zum Pflücken gerne hätten. Wenn wir nun beginnen, den Garten auszulichten, sollten wir darauf achten, dass wir die Bäume stehen lassen, die ausreichend niedrige Äste haben. Wir können auch erst einmal ein Drittel der Bäume entnehmen und ein weiteres Drittel der Bäume zurückschneiden, damit der Boden bedeckt bleibt, die Kronen der anderen Bäume aber jetzt in die Breite und nicht mehr aus Lichtmangel in die Höhe wachsen.

Werden die Bäume, die entfernt werden sollen, erst einmal zurückgeschnitten, können die «Zielbäume» gut in die Breite wachsen.

Streben alle Äste steil nach oben, können wir diese auch vorsichtig mit Schnüren oder Gewichten in die Waagerechte ziehen. Dies fördert gleichzeitig die Bildung von Fruchtholz – also den Zweigpartien, an denen sich die Blüten und Früchte bilden.

Feuchtwald

Eine etwas ähnliche Situation wie beim Sandboden haben wir auf sehr feuchten Standorten. Auch hier sind es eher Spezialisten, die diesen Standort besiedeln. Das Interessante an solchen Standorten ist, dass sie für die normale Landwirtschaft in der Regel wenig von Interesse sind. Da die Natur sich aber für jeden Standort geeignete Pflanzen hat einfallen lassen, lassen sich auch hier landwirtschaftliche Konzepte entwickeln, und ein vielfältiger Waldgarten kann gedeihen. Ähnlich wie bei Sandböden kommen auch hier eher Sonderkulturen infrage. Im Gegensatz zu den Sandböden haben wir im Feuchtwald aber natürlich ausreichend Wasser und in der Regel auch Nährstoffe zur Verfügung. Wir benötigen also Pflanzen, die relativ durchsetzungsstark sind, da sie sich gegen die natürlicherweise starke Krautschicht behaupten müssen.

Da ein Feuchtwald in der Regel zur «freien Landschaft» gehört, sollten hier keine fremdländischen Arten eingesetzt werden. Je nach Feuchtigkeit bieten sich Pflanzen wie Straußenfarn, Salomonssiegel oder Brunnenkresse an. Liegt der Feuchtwald in einer Ortschaft oder dem eigenen Garten, sind als essbare Krautschicht auch Funkien oder Japanische Pestwurz möglich. Da Feuchtwälder meist eine starke Krautschicht haben, sollten wir bei den Bäumen das Pflückobst bevorzugen. Alle Früchte, die wir vom Boden auflesen müssten, sind schwer zu finden und würden auf dem feuchten Boden auch sehr schnell faulen. Die Strauchschicht hingegen ist relativ einfach zu managen. Beerenobst, wie die Kultur-Heidelbeere (wenn ausreichend Licht vorhanden ist), sind ideale Pflanzen im Feuchtwald. Hierbei müssen wir allerdings bedenken, dass die Kultur-Heidelbeere auch eine invasive Art ist.

Anbau essbarer Farne im Feuchtwald

Eine Besonderheit ist die Indianerbanane oder Pawpaw. Sie besiedelt Flussauen und Feuchtwälder in Nordamerika und ist eine der schmackhaftesten Obstarten der gemäßigten Breiten. Da sie in der Jugend, wie an ihrem natürlichen Standort, etwas Schatten benötigt, können wir sie sehr gut auf Flächen einsetzen, die mit Weiden, Erlen oder Pappeln bestanden sind. Sind diese nicht vorhanden, können wir sie als Starterpflanzen setzen. Wenn die Indianerbanane ein paar Jahre alt ist, werden diese Starterpflanzen zurückgeschnitten. Die Indianerbanane benötigt in der Ertragsphase nun deutlich mehr Sonnenlicht, welches wir durch die Entnahme der Starterbäume herstellen. Diese Vorgehensweise bildet letztendlich die Dynamik eines Auwaldes ab, in der die Weichholzbestände regelmäßig zusammenbrechen und Raum für neue Bäume geben. Wenn wir beispielsweise Weiden genommen haben, können wir diese als Kopfweiden weiter nutzen.

Feuchter Boden

Bei einem Gelände mit einem sehr hohen Grundwasserstand werden wir uns einige Gedanken zur Geländestruktur machen müssen. Grundlegend gibt es natürlich eine ganze Reihe an Pflanzen, die mit einem hohen Grundwasserstand auskommen. Wir können aber durch einige Veränderungen im Gelände die Möglichkeiten, eine größere Bandbreite aufzubauen, vergrößern.

Ein wesentlicher Nachteil sehr feuchter Flächen ist die auf wenige Monate beschränkte Nutzbarkeit. Der Boden verschlammt sehr schnell und macht die Bewegung im Gelände wenig attraktiv. Daher sollten wir darüber nachdenken, ob wir ein bisschen an der Topografie feilen. Für eine größere Diversität im Anbau können wir die Zustandsunterschiede feucht und trocken verstärken, indem wir Teile des Geländes etwas tiefer legen und mit dem gewonnen Material an anderen Stellen den Boden erhöhen. In den Senken können dann die Gehölze wachsen, die einen höheren Grad an Feuchtigkeit lieben oder zumindest vertragen. Dies kann bis zum Anlegen von Teichen oder wasserführenden Gräben gehen. Hier müssen wir nur beachten, dass wir bei der unteren Wasserbehörde ggf. einen Antrag stellen müssen, wenn das Gewässer einen Grundwasseranschluss erhalten soll – also vom Grundwasser gespeist wird. Dies ist grundsätzlich genehmigungspflichtig, da aus Gründen des Trinkwasserschutzes jede Form der Grundwasseröffnung gut überlegt sein muss. Die Behörden wollen sehen, dass durch den Teich keine gefährdenden Stoffe ins Grundwasser gelangen können.

Auf den tiefer gelegenen Flächen lassen sich auch sehr gut Weiden, Erlen oder andere feuchtigkeitsliebende Gehölze anbauen. Diese werden dann immer wieder als Kopfbäume eingekürzt und liefern so brauchbares Brennholz, Flechtmaterial, Laubheu sowie eine große Menge Holzhäcksel. Holzhäcksel sind auf feuchtem Gelände eine ideale Boden- und Wegebedeckung, da sie ausreichend Luft in den

Boden lassen und der tendenziellen Verdichtung, die bei feuchten Böden droht, entgegenwirken.

Um die feuchten Stellen auch mit Pflanzungen nutzen zu können, die eigentlich keinen feuchten Boden mögen, können wir kleine Hügel im Gelände aufbauen, auf denen die Gehölze stehen, die einen trockeneren Fuß brauchen.

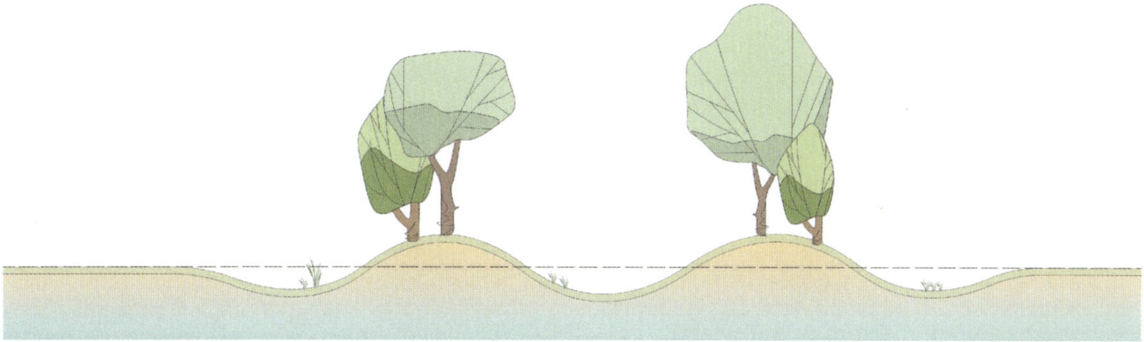

Das zuvor ebene Gelände wird mit Senken und mit Hügeln umgestaltet. Auf den Hügeln oder Dämmen wachsen die Gehölze, denen es sonst zu feucht wäre.

Die Baumkrone kann dann die feuchten Flächen überspannen – es muss ja nur der Baum trockener stehen. Nach diesem Muster können wir auch größere Rankstrukturen aus Holz oder Baustahlmatten für essbare Kletterpflanzen anlegen. Die Rankelemente für Strahlengriffel *(Actinidia arguta)* oder Klettergurke *(Akebia quinata)* können die feuchten Bereiche überspannen, darunter kann vielleicht eine Pilzzucht entstehen, für die eine hohe Feuchtigkeit von Vorteil ist.

Rankelement mit Kiwi aus einer gebogenen Baustahlmatte

Hausgarten

Der Hausgarten an sich ist natürlich noch kein eigener Standort. Hier geht es eher um die Frage, welche Strategie bei relativ kleinen Flächen zum Tragen kommen kann. Gemeint ist also ein Hausgarten, der nicht viel größer als 700 m² ist. Ein solcher Garten ist eigentlich kein Wald und kann sich auch nicht zu einem solchen entwickeln. Von einem Wald spricht man erst ab einer Fläche von mindestens 5000 m². Hier gilt es, den Blick ein bisschen zu weiten. Das gedankliche Problem liegt meist darin, dass wir nur unseren Garten betrachten und die Umgebung außer Acht gelassen haben. Gärten sind in aller Regel umgeben von anderen Gärten – und diese müssen bei der Frage nach der ökologisch wirksamen Gesamtfläche mit einbezogen werden. Unser Waldgarten ist also eigentlich ein Segment einer vielschichten Gehölz- und Staudenstruktur. Und vielleicht lassen sich die Nachbarn auch etwas anstecken.

Wenn wir auf einer relativ kleinen Fläche einen Waldgarten anlegen wollen, sind die Kriterien dennoch andere als bei größeren Projekten. Inwieweit eine Entwicklung bis hin zu einem System mit großen Bäumen sinnvoll ist, ist fraglich. Wahrscheinlich gehen wir nur bis zur Phase des Vorwaldes – also einem Entwicklungsstadium mit Bäumen, die relativ kurzlebig sind (bis 80 Jahre) und auch selten über 15 m hoch werden. Wenn wir auf einer kleinen Fläche mit Gehölzen arbeiten wollen, ist Licht von großer Bedeutung. Der Fokus sollte daher auf kleinbleibenden Arten oder Sorten sowie einem größeren Sortiment an Beerenobst liegen. Von den meisten Baumarten gibt es allerdings mittlerweile auch Zwergformen, mit denen wir so etwas wie einen Miniaturwaldgarten kreieren können. Wenn wir beispielsweise keinen Platz für eine ausgewachsene Maulbeere haben, können wir ohne Weiteres eine Zwergform wählen. Es gibt sogar Walnuss-Sorten wie die 'Finkenwerder Buschnuss', die nur 4–5 m hoch werden. Dasselbe gilt für alle klassischen Obstformen, wie Äpfel, Birnen oder Kirschen. Diese werden auch als Balkonobst, Säulenobst oder Zwergform angeboten. Wir sollten uns allerdings bewusst sein, dass diese Zwergformen eine geringere Lebenserwartung haben als die normalen Varianten. Als Regel gilt bei Bäumen: Je niedriger der Stamm, desto früher der Ertrag, aber umso geringer ist auch die Lebenserwartung. Wenn ein Apfelhochstamm vielleicht 100 Jahre wird, so wird ein Buschbaum in seinem Hauptertrag nur 15–20 Jahre alt werden. Also auch im Hausgarten lassen sich Systeme mit einer klaren Gehölzorientierung aufbauen, die Sinn machen und gute Erträge liefern.

Ein weiterer Aspekt beim Hausgarten sind die Ästhetik und die Nutzung als ganz normaler Hausgarten. Sosehr uns vielleicht ein Waldgarten reizen würde – wahrscheinlich möchte niemand in unseren Breiten aus einem sonnigen Garten einen schattigen Wald machen. Daher ist es bei einem kleineren Hausgarten umso wichtiger, den Waldgarten eher als einen Gehölzrahmen zu verstehen, der die sonnigen Gartenbereiche einrahmt.

Perspektiven für Waldgärten in der Stadt

Von Dr. Jennifer Schulz,
Dipl.-Ing. Landschaftsplanung, Universität Potsdam

In Europa leben mehr als 70 % der Bevölkerung im urbanen Raum (Kabisch & Haase, 2011). Grünflächen sind dabei ein wichtiger Baustein städtischer Lebensqualität und unterliegen einem großen Nutzungsdruck. Neben der Qualität als Orte der Erholung und Begegnung müssen städtische Grünflächen verschiedene ökologische Funktionen, wie Kühlung und Regulation des Wasserhaushaltes (Klimaanpassung und Bodenfunktionen), leisten sowie einen Lebensraum für Tiere und Pflanzen (Biodiversität) erhalten, wobei gehölz- und artenreiche Vegetationsstrukturen insgesamt förderlich sind. Gleichzeitig haben Stadtbewohner ein großes Interesse, gemeinsam zu gärtnern, Lebensmittel in der Stadt zu produzieren und aktiv an der Gestaltung der Grünflächen mitzuwirken (Urban Gardening Manifest, Anstiftung, 2014).

Dieser kleine Park, geschützt durch ein Schwingtor, könnte auch der städtischen Selbstversorgung dienen.

Waldgärten können als langfristige Anbausysteme eine neue Form des Urban Gardening sein, die durch die gehölzreichen, vielfältigen Vegetationsstrukturen und ihre Vielfalt an essbaren Pflanzen Synergien schaffen können und dazu an die städtischen Gegebenheiten angepasst werden müssen. Die Strukturen, die wir heute in öffentlichen Grünanlagen finden, ähneln im Prinzip sehr stark den Strukturen, die es für einen urbanen Waldgarten braucht: lichte, vielschichtige Gehölzpflanzungen, durchsetzt mit Wiesen- und Staudenflächen, Wegen und extensiven Waldbereichen. Dies findet sich als Muster letztendlich in sehr vielen Parkanlagen wieder.

Erfahrungen mit Waldgärten in Städten gibt es seit mehr als 10 Jahren in England und den USA (Clark & Nicholas, 2013), wobei es in den USA bereits etwa 70 Waldgärten in Städten gibt und besonders gemeinschaftliche Aspekte der Entwicklung und des Betriebes urbaner Waldgärten beschrieben wurden (Bukowski & Munsell, 2018). Auch in Deutschland gibt es seit einigen Jahren erste Initiativen für städtische Waldgärten, z. B. in Kassel, Berlin, Halle (Saale), Freiburg und Meiningen. Im dem Projekt des Bundesamtes für Naturschutz «Urbane Waldgärten» wurden seit 2018 die Bedingungen für die Etablierung von Waldgärten in Städten systematisch untersucht (BfN, 2018). Bei der Auswahl eines geeigneten Standortes müssen

Waldgarten im Finsbury Park mitten in London

ökologische, soziale und rechtliche Aspekte berücksichtigt werden. Dazu gehören zum Beispiel ein schadstofffreier Boden, ein geeignetes nachbarschaftliches Umfeld und Bildungsträger. Für die Flächen braucht es langfristige Nutzungsperspektiven und gute Kooperationen mit der Stadtverwaltung oder den privaten Flächeneigentümern bzw. Wohnungsbaugesellschaften

Waldgärten können an die lokalen und stadträumlichen Anforderungen der Stadt angepasst werden, wobei Gestaltungsanforderungen neben den ökologischen Standortfaktoren mit den Nutzungsanforderungen verschiedenster Menschen zusammenhängen. Hier ergeben sich unterschiedliche Anforderungen, je nachdem ob die Waldgärten auf öffentlichen Grünflächen entstehen oder nur einem Mitgliederkreis zugänglich sind.

Für Waldgärten im öffentlichen Raum gilt es besonders für die folgenden Fragen lokal angepasste Lösungen zu finden: Die Produktion von Lebensmitteln sollte frei von anorganischem Abfall, insbesondere Zigaretten und anderen chemischen Schadstoffen oder Fäkalien, erfolgen, um die Lebensmittelsicherheit zu gewährleisten. Ein Zaun mit Schwingtor als Zugangsbegrenzung und klare Regeln samt Infrastruktur für die Müllentsorgung sind also meist notwendig. Wichtig sind auch Hunderegeln und eine (Kompost-)Toilette. Auch muss die Infrastruktur des Gartens für verschiedene Nutzergruppen geeignet sein und erfordert z. B. die Barrierefreiheit von Wegen und im öffentlichen Raum auch die Gewährleistung der Verkehrssicherheit. Neben räumlichen Aspekten empfiehlt sich für eine langfristige Kooperation mit der Stadtverwaltung die Entwicklung einer Form des langfristigen Betriebes (Betreibermodell), wobei besonders die Verantwortlichkeiten und Perspektiven für Pflege und Ernte sowie die Kommunikationsformen der Gemeinschaft der Gartennutzer sowie Perspektiven der Einbeziehung der Stadtgesellschaft gemeinsam entwickelt werden sollten.

4

Die Pflanzen

Frederik Deemter

Nachdem wir die unterschiedlichen Strategien und Dynamiken im Waldgarten betrachtet haben, wollen wir nun geeignete Pflanzen vorstellen und auf die möglichen Schwierigkeiten eingehen. Hierbei geht es nicht nur um die richtige Art, sondern auch um die richtige Kombination von Standort, Strategie und Sorte sowie die Herkunft der Pflanzen.

Die Klettergurke *(Akebia quinata)* ist eine fremdländische Pflanze mit invasivem Potenzial.

Einheimisch oder fremdländisch

Kaum ein Thema rund um den Waldgarten polarisiert so wie dieses. Häufig verlaufen Diskussionen emotional und dogmatisch. Wie bei vielen Themen in der Ökonomie, Politik, Medizin oder Wirtschaft finden sich immer zwei, die genau das Gegenteil voneinander behaupten. Aus diesem Grund versuchen wir, das Thema sachlich und nuanciert zu bearbeiten. Wenn wir uns mit komplexen Systemen beschäftigen, werden wir feststellen, dass jeder Effekt, den wir neu in einem System etablieren, *immer* auch einen Nebeneffekt hat. Bei komplexen Systemen ist es nicht möglich, durch eine Veränderung im System nur einen Effekt – nämlich den gewünschten – zu erlangen. Dies ist eine der größten Schwierigkeiten, wenn wir uns mit komplexen Aufgabenstellungen beschäftigen. Gerade bei der Pflanzenauswahl und den vielen Möglichkeiten, die uns die Baumschulen heute durch neue Züchtungen und globalen Handel ermöglichen, sollten wir sehr umsichtig vorgehen und uns dieses Phänomen immer vor Augen halten.

Es gibt zahllose Argumente, die für die Waldgarten-Philosophie sprechen, aber es gibt auch Argumente dagegen. Die Diskussion spitzt sich vor allem rund um das Thema invasive Neophyten zu: Pflanzen, die seit dem 16. Jahrhundert, genauer nach Entdeckung der Neuen Welt, absichtlich oder unabsichtlich zu uns gekommen sind, hier verwildern und mit den heimischen Pflanzen konkurrieren. So haben sich in Mitteleuropa mehrere Hundert «neue» Pflanzenarten angesiedelt. Viele sind in die heimische Flora integriert, und die Mehrheit der Pflanzen macht keine Probleme und bereichert das Artenspektrum. Manche Arten fühlen sich hier so wohl, dass sie sehr üppig wachsen. Die «Zehnerregel» von Williamson (1993) beschreibt es passend: 1000 : 100 : 10 : 1. Von 1000 Exoten findet man nur 10 % irgendwann in freier Natur, wiederum 10 % davon können sich dauerhaft etablieren, wiederum 10 % davon werden zu Problempflanzen.

Wenn wir über neue Pflanzen in unserer Natur sprechen, sollten wir das Thema um eine weitere Überlegung bereichern. Die Universität Göttingen hat 2018 eine größere Studie geleitet, die sich mit der Frage der Vorkommen von Insekten in landwirtschaftlichen Systemen auseinandersetzt. Die Studie kam zu dem Ergebnis, das die Anzahl der Insektenarten und Individuen zunimmt, je kleiner die einzelnen Felder sind. Entscheidend war hierbei weniger die Art der Feldbewirtschaftung und des Bewuchses am Feldrand. Entscheidend war, dass es einen Feldrand gibt! Gleichzeitig konnte die Studie aber aufzeigen, dass die kleineren Felder weniger Gewinn (nicht Ertrag) abwarfen, da sie schwieriger zu bewirtschaften waren. Wenn wir also mehr Feldränder und Gehölzstrukturen (wozu ein Waldgarten definitiv zählt) in die Landwirtschaft integrieren wollen, muss sich das für den Landwirt auch lohnen, sonst wird er es im Zweifelsfall nicht machen. Und lohnen wird sich in aller Regel dann der Anbau von Kultursorten, die entsprechend vermarktet werden können. Darin sehen wir einen sinnvollen Kompromiss zwischen Naturschutz und Landwirtschaft.

Ob und welche Pflanzen wir außerhalb eines Hausgartens pflanzen, hängt von vielen Faktoren ab. Es geht hierbei nämlich nicht nur um Wildpflanzen oder Neophyten. Eine sinnvolle Unterscheidung der Arten kann wie folgt aussehen:

1. **Einheimisches Wildobst.** Dies wären dann die gebietsheimischen Arten wie Haselnuss, Kornelkirsche, Speierling, Schlehe, Wildrosen usw. Deren Anpflanzung macht z. B. Sinn, wenn aus den Früchten Obstbrände oder auch Veredelungen von Marmelade oder Saft erzeugt

werden sollen. Auch wenn die Flächen an Naturschutzgebiete grenzen, sollten diese Arten bevorzugt werden.

2. **Neue Kultursorten von heimischem Wildobst.** Alle Zuchtformen der Wildobstarten, z. B. Kornelkirsche, Himbeeren oder Haselnuss, die auf Ertrag oder Geschmack gezüchtet wurden. Dies sind dann keine Wildformen mehr, die ursprüngliche Art war aber einheimisch.

3. **Wildobst.** Als Wildobst werden alle Arten bezeichnet, die züchterisch nicht oder wenig bearbeitet wurden. Wildobst muss also nicht bedeuten, dass es sich um eine einheimische Art handelt. Auch Japanische Weinbeere und Apfelbeere sind Wildobstarten, kommen aber nicht von hier.

4. **Alte Kulturpflanzen.** Die Obst- und Nussgehölze, die es schon sehr lange bei uns gibt, wie Äpfel, Kirschen und Pflaumen. Auch diese Pflanzen sind meist nicht von hier, viele Sorten sind aber bei uns gezüchtet worden. So kommt die Walnuss ursprünglich aus Kirgistan, der Apfel kam schon vor 2000 Jahren aus West- und Zentralasien, die Kirsche aus der Türkei, die Pflaume kam vor 2600 Jahren mit den Römern nach Deutschland. Eine der ältesten Pflanzen, die wir heute noch nutzen, dürfte wohl die Haselnuss sein. Sie kennen wir hier schon seit der Steinzeit.

5. **Neue Kulturpflanzen,** die es bislang bei uns nicht oder selten gab, wie Nashi-Birne, Szechuanpfeffer und frostverträgliche Feigen. Diese Arten lassen sich meist gut kultivieren und haben einen guten Ertrag und Marktwert.

6. **Invasive Arten.** Neophyten, die sich gefährlich ausbreiten können und vor deren Anbau wir grundsätzlich warnen, auch wenn diese nicht unbedingt in der Liste der invasiven Arten stehen. Hierzu zählen etwa der Essigbaum und diverse Bambus-Arten.

Problematisch wird es, wenn die Neulinge derartig wuchern, dass sie die Balance im Ökosystem gefährden und somit letztendlich die Biodiversität in gewissen Regionen minimieren.

Ein Beispiel hierfür ist der Japanknöterich *(Polygonum japonicum)* in den Niederlanden und England. In Amsterdam wird bereits von behördlicher Seite vor den Schäden gewarnt, welche die Wurzeln an Gebäuden, Leitungen und Kanalufern anrichten können. Mittlerweile werden stark wuchernde Pflanzen auf dem Immobilienmarkt berücksichtigt: In England sind Immobilien mit nachweislicher Anwesenheit von Japanknöterich deutlich weniger wert, in Dänemark mindert die Japanische Pestwurz *(Petasitis japonicus)* den Verkaufspreis.

Alle Pflanzen mit potenziell invasivem Charakter habe wir mit markiert. Wir als Autoren sehen es als unsere Aufgabe, alle (zukünftigen) Waldgärtnerinnen und Waldgärtner darauf hinzuweisen. Da es im deutschsprachigen Raum lokale Unterschiede gibt, kann keine allgemeine Empfehlung ausgesprochen werden. Jeder Gärtner und jede Gärtnerin hat die Verantwortung, sich mit diesen Thema auseinanderzusetzen. Die Auflistung der verschiedenen Arten im Buch dienen der Vollständigkeit und Information und sollten im Zweifelsfall eher als Warnung denn als Empfehlung verstanden werden.

Japanknöterich:

Die jungen Triebe sind ein guter Rhabarber-Ersatz. Die Pflanze ist sehr invasiv und verursacht große Probleme, wenn sie außer Kontrolle gerät.

Biodiversität: Chance oder Risiko

Durch die Anpflanzung von nicht heimischen Arten nimmt die Biodiversität kurzfristig selbstverständlich zu. Dies geschieht durch die Pflanze selbst, aber auch durch die Nische, die sie für gewisse Organismen bietet. Sie kann also durchaus zu Vielfalt und Stabilität in einem System beitragen, wenn sie sich eingliedert. Ein Argument, das gerne von den Fürsprechern der Waldgärten benutzt wird.

Es gibt aber weitere Aspekte, die nicht ignoriert werden dürfen. Neben der übermäßigen Verdrängung von heimischen Arten sind Neophyten möglicherweise Überträger von gewissen Krankheiten. Oder sie bilden neue Kreuzungen mit heimischen Arten. Solche Hybriden können ganz unbekannte Eigenschaften haben, z. B. unbekannte Gifte in Früchten und Blättern. Wird hierdurch eine der heimischen Arten verdrängt, hat dies einen negativen Effekt auf die Biodiversität.

Aus all diesen Gründen gibt es offizielle Listen mit invasiven Tieren und Pflanzen, beispielsweise die EU-Liste oder «Unionsliste». Einige Pflanzen auf dieser Liste kann man mit den entsprechenden Sicherheitsvorkehrungen durchaus in Waldgärten anbauen, und wir haben einige Beispiele mit essbaren Teilen in die folgende Tabelle aufgenommen.

Potenzielle Kandidaten mit essbaren Teilen, die auf der Unionsliste stehen (Quelle: NABU)

Wissenschaftlicher Name	Deutscher Name
Ailanthus altissima ✪	Götterbaum
Asclepias syriaca ✪	Gewöhnliche Seidenpflanze
Gunnera tinctoria ✪	Mammutblatt
Humulus scandens ✪	Japanischer Hopfen
Impatiens glandulifera ✪	Drüsiges Springkraut
Persicaria perfoliata ✪ *(Polygonum perfoliatum)*	Durchwachsener Knöterich

✪ potenziell invasiv

Auch wenn das problematische Potenzial der Pflanzen bekannt ist, gibt es doch sehr große lokale Unterschiede. So breitet sich das Mammutblatt in gemäßigten Teilen Europas wie Irland, Großbritannien und Frankreich sowie auf den Azoren stark aus und macht ernste Probleme. Andererseits versuchen Hobbygärtner in kühleren Gebieten Europas, diese Staude mit größtem Aufwand zu kultivieren, und bauen ihr Winterschutzeinrichtungen. Das Mammutblatt geht nämlich bereits bei geringstem Frost ein. Von invasiv kann daher pauschal kaum die Rede sein.

Potenziell invasive Kandidaten

Die Waldgartenkultur ist eine relativ junge Anbaumethode, und bei einigen Pflanzen ist noch nicht hinreichend bekannt, wie invasiv sie tatsächlich sein können. Im Folgenden haben wir verdächtige Kandidaten zusammengetragen. Die Tabelle enthält Pflanzen, vor denen in der Literatur gewarnt wird, und ist mit Arten ergänzt worden, die in Umfragen bei Waldgartenbesitzern als invasiv eingestuft werden. Selbstverständlich gilt dieser invasive Charakter nur, wenn die idealen Standortbedingungen es ermöglichen.

Mammutblatt: je nach Standort sehr invasiv oder sehr schwer in der Kultur. Die geschälten Stängel sind essbar.

Potenziell invasive Neophyten, die in passender Umgebung mit Skepsis gesehen werden sollten

Wissenschaftlicher Name	Deutscher Name
Ailanthus altissima	Götterbaum
Akebia quinata	Fingerblättrige Akebie, Klettergurke
Aronia spp.	Apfelbeere
Caragana arborescens	Gemeiner Erbsenstrauch
Cirsium arvense	Acker-Kratzdistel
Helianthus tuberosus	Topinambur
Impatiens glandulifera	Drüsiges Springkraut
Petasites japonicus	Japanische Pestwurz
Phyllostachys spp.	Bambus
Physalis alkekengi	Lampionblume
Polygonum japonicum	Japanknöterich
Pseudosasa japonica	Japanischer Pfeilbambus
Prunus serotina	Spätblühende Traubenkirsche
Rhus typhina	Essigbaum
Ribes divaricatum	Oregon-Stachelbeere
Robinia pseudoacacia	Gemeine Robinie
Rosa rugosa	Kartoffel-Rose
Rubus phoenicolasius	Japanische Weinbeere, Rotborstige Himbeere
Solidago canadensis	Kanadische Goldrute
Vaccinium corymbosum	Heidelbeere
Vaccinium macrocarpon	Cranberry

Essigbaum: ein sehr wüchsiges Gehölz, das sich schnell ausbreitetet.
Aus seinen Kolben kann eine gute Limonade hergestellt werden (Indian Limonade).

Die richtige Pflanze finden: Sortenkunde und Qualität

Indem wir einen kleinen Überblick über den Sorteninformationsdschungel geben, wollen wir die «Qual der Wahl» mildern. Die Hauptaufgabe besteht dabei darin, wichtige Informationen von unwichtigen zu unterscheiden.

Beispiel Brombeere

Der Mensch ist immer auf der Suche nach der perfekten Sorte. Es gibt zweifellos Sorten innerhalb einer Art, die Vorteile gegenüber anderen haben. Aber nur Vorteile gibt es nicht. Was wäre, wenn die Brombeerernte schnell und ohne Pikserei ablaufen würde? Ein Traum, der schon längst Realität ist! In vielen Katalogen werden die stachelfreien, krankheitsfreien Sorten mit Riesenfrüchten angeboten. Und die Nachteile? Gibt es natürlich nicht. Aber dann fehlt letztendlich doch ein Qualitätsmerkmal: der Geschmack. Die Früchte sind groß und gesund, aber extrem fade im Geschmack.

Das heißt nicht, dass die Suche nach besonderen Eigenschaften sich nicht lohnt. Manchmal sind es aber auch die bekannten Nebeneffekte, die eine Sorte besonders attraktiv machen. Wenn wir Probleme mit Wildverbiss an unseren Gehölzen haben, ist die naheliegende Lösung, das ganze Grundstück einzuzäunen. Wie wäre es aber mit einer gezielten

Eine Brombeerhecke kann eine kostengünstige Alternative zu Zäunen bilden.

Brombeeren in verschiedenen Reifestadien

botanischen Lösung? Kräftige Brombeeren können nämlich auch gegen Wildverbiss eingesetzt werden. Die Wunschsorte sollte dann sehr robust sein, einen sehr guten Geschmack haben, viele Stacheln haben und wuchern.

Genau solch eine Sorte gibt es. Die Robustheit, also eine hohe Toleranz gegenüber Verbiss und eine gute Regenerationsfähigkeit könnten also auch eine hohe Priorität haben. Dann beobachten wir die Wildpfade, die sich im höheren Gras genau abzeichnen, und pflanzen die Brombeerpflanzen strategisch in den Wildwechsel. Das Wild wird sich nach einigen Jahren dazu entscheiden, andere Wege zu nehmen. Ein angenehmer Begleiteffekt kann dabei die unkomplizierte Ernte sein: Die Stabilität der Pflanzen ermöglicht es bei starkwüchsigen Sorten, mit Leitern auf die Brombeeren zu steigen, ohne dass diese zusammenbrechen. Trotz vieler Stacheln stehen wir oben am Strauch zwischen den zahllosen Brombeeren, und die Ernte wird zum Kinderspiel. Keine Nachteile? Doch. Diese Art ist nicht für kleine Grundstücke geeignet, es sei denn, es sollen nur noch Brombeeren auf dem Speiseplan stehen.

Wildform oder Zuchtsorte?

Es kommt also bei der Sortenauswahl sehr darauf an, welchen Effekt oder welche Qualitäten wir suchen. Nicht umsonst gibt es bei den «alten Obstsorten» eine unglaubliche Vielfalt, denn jede Sorte war auf spezifische Bedingungen und Verwendungen hin gezüchtet worden.

Bei einigen Arten, von denen viele neue Sorten angeboten werden, hat man aber das Gefühl, dass die verschiedenen Sorten sich kaum unterscheiden. Deshalb erwähnen wir hier einige Arten, von denen wir denken, dass mehr Variation in der Art keinen wesentlichen Vorteil mit sich bringt und wir einfach schauen können, welche Sorten gut zu bekommen sind.

Korallenbeere. Die Zahl der Sorten ist in den letzten Jahren enorm gewachsen. Das Beste, was diese zu bieten haben, sind wohl die vielversprechenden Namen, z. B. ´Red cascade´, also roter Wasserfall. Ein Traum, der sich aber spätestens 10 Jahre später bei der Ernte relativiert. Die 10 verschiedenen Sorten sind alle fast gleich gut! An der Wildform aber ist eigentlich kaum etwas auszusetzen.

Kornelkirsche. Es lohnt sich, eine großfruchtige Sorte zu pflanzen, da die Samen der Wildform und der Veredelungen zwar gleich groß sind, aber die unterschiedliche Menge an Fruchtfleisch ist beachtlich. Nach unserer Meinung sind fast alle Veredelungen geschmacksgleich. Es ist ratsam, immer zwei verschiedene Sorten zu pflanzen, da manche Arten nicht selbstfruchtbar sind. Ansonsten je nach Mengenbedarf. Ein breites Geschmacksspektrum der Sorten wie beim Apfel ist nicht zu erwarten.

Exoten

Von vielen Exoten werden bereits verschiede Sorten angeboten, obwohl die entscheidende Frage noch nicht geklärt ist: Tragen sie überhaupt unter unseren klimatischen Bedingungen Früchte? So haben viele Menschen bereits Granatapfel, Brustbeere *(Ziziphus jujuba)* und Seidenraupenbaum *(Cudrania tricuspidata)* gepflanzt. Weil die Früchte so exotisch sind, ist das Interesse riesig. Spezialzüchter bieten bereits vielerlei Arten mit vielversprechendem Text an. Aber die meisten Menschen, die wir kennen, warten seit Jahren auf reife Früchte, wobei das Überwintern nicht die größte Hürde ist. Wenn die Klimaerwärmung weiter fortschreitet, mag die Anpflanzung eine gute Wette in der Zeit sein. So konnten wir 2021 die ersten Seidenraupenbaum-Früchte mit deutscher Herkunft probieren – sicherlich ein Kandidat mit Potenzial, wenn die Winter erst spät eintreten und die Jahresdurchschnittstemperaturen weiter steigen.

Seidenraupenbaum: Dieser Exot ist sehr attraktiv, seine Früchte erreichen aber nur an sehr warmen Standorten Genussreife.

CHECK-BOX: Dem Erfrieren der Wallnussblüten durch Spätfröste vorbeugen

- Spät treibende Sorten auswählen.
- Einen kühlen, vor der Wintersonne geschützten Standort wählen.
- Die im Frühling kühlende Nähe von Wasser nutzen.
- Professionelle Lösungen wie Anti-Frost-Kerzen oder Frostschutzberegnung

Walnuss

Bei manchen Arten lohnt es sich allerdings sehr wohl, sich mit der Sorte zu beschäftigen. Selbstverständlich gilt, je kommerzieller der Ertrag geplant ist, desto mehr Gedanken sollten wir uns machen.

Nehmen wir als Beispiel die Walnuss, *Juglans regia*, von der es eine riesige Auswahl an Sorten gibt. Streben wir wirtschaftlichen Ertrag an, steht neben dem Geschmack ganz oben auf der Prioritätenliste die Erntefähigkeit. Von manchen Wallnuss-Sorten ist bekannt, dass die Nüsse sich von selbst aus der Fruchthülle lösen, und nichts ist schöner, als die Nüsse nur vom Boden aufzulesen. Es erspart viel Zeit bei der Ernte und der Händereinigung. Wer das in Zweifel stellt, sollte einmal versuchen, die Nüsse von einer Sorte, die diese Eigenschaft nicht hat, von ihrer Fruchthülle zu befreien.

Die Profis beachten ein weiteres Qualitätsmerkmal: das Nussschalen-Kern-Verhältnis. Die Unterschiede sind beachtlich. Übrigens ein Merkmal, das Schwarznüsse *(Juglans nigra)* unattraktiv macht: kaum Kern, aber große Schalen.

Wichtig ist auch die Knackbarkeit. Die Verbraucher lieben Nüsse, deren Schale einfach, möglichst mit den Händen zu knacken ist.

Auch Sonderformen können interessant sein. So gibt es rote oder extrem große Walnüsse. Niedlich ist eine Züchtung aus Frankreich: Die Nüsse haben eine viereckige Form. Hier geht es weniger um die Kerne, sondern vielmehr um die interessanten Schalen, aus denen traditionell Kästchen für Eheringe fabriziert werden.

Optimale Startermerkmale der Pflanze

Wenn wir die richtigen Arten und Sorten gefunden haben, sollten wir uns auch Gedanken über die besten Startermerkmale für unsere Pflanzen machen.

Vorsicht Anfängerfehler

Blauäugig bestellen und die Ware nicht überprüfen, ist ein Anfängerfehler. Hier etwas aus eigener Erfahrung, das anderen hoffentlich viel Ärger ersparen kann: 20 Jahre lang haben wir uns an einem Grundstück ohne Nacktschnecken erfreut. Bei einer Lieferung habe ich die kleinen Schnecken zwar gesehen, aber völlig unterschätzt. Seitdem mussten wir uns mit diesen Quälgeistern auseinandersetzen! Ohne Erfolg, bis glücklicherweise zwei extrem trockene Jahre kamen, die den Nacktschneckenbestand anscheinend minimiert haben. Seitdem schauen wir Pflanzenlieferungen genauer an.

Die Pflanzgröße

Wichtig ist, in welcher Größe wir die Pflanzen bestellen. Die optimale Pflanzengröße ist: «So klein wie möglich, so groß wie nötig.» Großpflanzen reagieren auf Verpflanzen empfindlicher und wachsen schlechter an.

Die Größe einer Pflanze ist dabei allerdings eine etwas gefährliche Kategorie: Wichtiger ist eigentlich, wie häufig sie umgepflanzt wurde. Wenn wir in der Baumschule eine Pflanze mit der Qualitätsbezeichnung «2xv 150/200» sehen, bedeutet dies, dass sie zweimal verpflanzt wurde und 150–200 cm groß ist. Eine Pflanze mit der Bezeichnung «3xv 150/200» wurde dreimal verpflanzt – was bedeutet, dass sie dreimal umstochen wurde und dadurch einen hohen Anteil an Feinwurzeln aufweist. Daher können bei gleich hohen Pflanzen die Preise sehr unterschiedlich sein – aber eben auch die Qualität. Besonders schwierig sind Pflanzen, die schon sehr groß sind, aber selten umstochen wurden. Bei diesen Pflanzen sind die Feinwurzeln schon sehr weit weg gewachsen. Wird diese Pflanze jetzt ausgegraben, verliert sie einen Großteil ihrer Wurzeln. Am besten startet man mit Bäumchen, die etwa zwischen 50 und 80 cm groß sind. Bei guter Pflege werden sie ihre bereits größer verpflanzten Nachbarn in der Regel innerhalb einiger Jahre überholen. Kleine Bäume passen sich zwar besser an die neuen Bedingungen an, sie müssen aber auch entsprechend sorgfältig gepflegt werden, damit sie in den ersten Jahren nicht überwuchert werden.

Die Wurzeln

Nicht uninteressant sind bei der Pflanzenqualität die Wurzeln. Gerade wenn die Pflanzen aus Containern kommen, lohnt es sich, das Wurzelwerk zu inspizieren. Regelmäßig umgetopfte Pflanzen zeigen frische Wurzeln, die von der Pflanze wegwachsen. Die Wurzeln vernachlässigter Topfpflanzen fangen an, im Topf in Kreisen zu wachsen. Der Unterschied ist bemerkenswert. Während die gesunde Pflanze sich schnell in der Umgebung etabliert, sieht man häufig, dass die vernachlässigte Pflanze Schwierigkeiten hat, denn auch nach dem Einpflanzen setzt sich das Kreiswachstum unterirdisch fort! Zwar kann man durch Einritzen der Wurzel dagegen angehen und das gesunde Wachstum fördern. Viel besser ist es aber, direkt mit richtigem Startermaterial anzufangen.

Insbesondere bei Laubgehölzen sollten zu lange Wurzeln mit einem scharfen Werkzeug abgeschnitten und nicht abgequetscht werden. Sind die Wurzeln schon gut geformt, sollte beim Pflanzen darauf geachtet werden, dass sie unverbogen und gerade ins Pflanzloch kommen. Sonst nutzt das beste Ausgangsmaterial nichts.

Die Art der Vermehrung

Wichtig ist immer zu wissen, wie die Pflanzen vermehrt worden sind. Im Handel werden angeboten: Sämlinge, Stecklinge und Veredelungen.

Sämlinge. Sie sind interessant, wenn eine Kreuzbestäubung gewünscht ist. Gerade seltene Sorten werden eher über Stecklinge vermehrt und stammen somit von der gleichen Mutterpflanze ab. Da die meisten Obstgehölze besser (oder überhaupt) Früchte ansetzen, wenn sie von einer anderen Pflanze bestäubt werden, funktioniert dies bei Stecklingen der gleichen Mutterpflanze nicht – sie sind ja genetisch eigentlich eine Pflanze. Ein Beispiel ist die Klettergurke *(Akebia quinata)*. Es gibt kaum ein Klettergurkenexemplar, das in den 1990er-Jahren angepflanzt wurde und Früchte ansetzte – sie stammten nämlich alle von einer einzigen Mutterpflanze ab. Erst durch das Anpflanzen einer Variante (z. B. die Sorte 'Alba') war eine Kreuzbestäubung möglich und man konnte sich vor Früchten kaum retten.

Sämlinge sind bei zweihäusigen Pflanzen entscheidend, wenn explizit ein weibliches oder männliches Exemplar gewünscht ist. Bei zweihäusigen Pflanzen sitzen auf einer Pflanze die männlichen und auf einer anderen die weiblichen Blüten. Würde so eine Pflanze durch Stecklinge vermehrt, bekommen wir logischerweise nur männliche oder nur weibliche. Säen wir dagegen Samen aus, ist die Chance, männliche und weibliche Exemplare zu bekommen, natürlich 50 : 50. Bei der Kopfeibe oder dem Affenbaum zum Beispiel wird das Geschlecht beim Erwerb nicht angegeben. Um den Fruchtansatz praktisch zu garantieren empfiehlt es sich daher, ca. 10 junge Sämlinge auszupflanzen. Dies ergibt rein rechnerisch eine Chance von fast 100 %, auch wenn es vielleicht nur 7 junge Pflanzen schaffen.

Sämlinge sind aber uninteressant, wenn eine reine Sorte gewünscht wird, z. B. beim Apfel. Die Nachkommen sind immer Bastarde und somit ist die Eigenart der Sorte, also 'Boskop' oder 'Elstar', nur durch einen extremen Zufall zu erlangen.

Veredelungen. Veredelungen sind interessant, wenn gewisse Eigenschaften einer Sorte erwünscht sind, aber die Vermehrung über Stecklinge unmöglich oder zu kostspielig ist. So ist es zum Beispiel bislang sehr schwer, von der Indianerbanane, Kaki oder Esskastanie Stecklinge zu machen.

Bei einer Veredelung gibt es in der Regel eine Unterlage, also ein junger Stamm mit Wurzel, die häufig aus einer Wildpflanze besteht. Die Unterlage gehört entweder derselben Art an, wie man es z. B. bei der Kornelkirsche praktiziert, oder aber einer verträglichen Art. Dies ist etwa der Weißdorn, auf den später eine Mispel veredelt wird. Die Unterlage bestimmt dabei das Wachstum und die Verträglichkeit mit dem Standort, das Edelreis entscheidet über den Kronenaufbau, Blüte und Frucht. So eine Pflanze besteht also eigentlich aus zwei Pflanzen, die miteinander innig verwachsen sind. Besonders wichtig ist die Wahl der Unterlage, wenn wir sehr stark- oder schwachwüchsige Bäume haben wollen. Dann brauchen wir eine Unterlage, die genau diese Qualitäten ausbildet.

Die Veredelungsstelle ist bei der Pflanze der absolute Schwachpunkt. Bei der Veredelungsstelle kommt es auf den Abstand zum Wurzelansatz an. Zu wenig Abstand oder eine zu tiefe Pflanzung kann zum «Freimachen» führen. Das bedeutet, dass über der Veredelungsstelle Wurzeln gebildet werden und die Pflanze sich über diese Wurzeln ernährt. Damit gehen alle Vorteile verloren, die die Unterlage eigentlich bringen soll (wie z. B. die Wuchshöhe). Die Veredelungsstelle muss gut verheilt sein und darf keine Wunden, Risse oder Wucherungen aufweisen. So eine Stelle wäre bruchgefährdet. Auch dürfen keine Einschnürungen durch Bindemittel vorhanden sein.

Perfekte Veredelungsstelle der Herznuss auf ihrer Unterlage

Stecklinge. Bei manchen Arten gibt es Unterlagen-Unverträglichkeiten, die durch die Verwendung von Stecklingen umgangen werden können. Von Arten, die gerne Wurzelschösslinge bilden, kann man von vielversprechenden Exemplaren Stecklinge nehmen, denn jeder Schössling ist identisch mit der Mutterpflanze und somit eine hochwertige Pflanze. Solche

Phänomene können wir auch strategisch nutzen. Denken wir einmal an Pflaumen im Garten, bei denen in der Regel eine wilde Unterlage veredelt wurde. Deren Wurzelschösslinge sind wiederum Wildpflaumen. Wurde die Pflanze aber als Steckling gezogen, ist auch jeder Wurzelschössling eine Edelpflaume. So können wir also auch bestimmte Arten von Edelobstgehölzen mit der Weiterverbreitung im Gelände beauftragen.

Herkunft der Pflanzen und Samen

Viele Pflanzen haben eine breite Standortamplitude, sie vertragen also eine große Bandbreite klimatischer Bedingungen. Einige Händler geben an, in welchem klimatischen Bereich (Winterhärtezone) die Samen gesammelt worden sind. Nach Möglichkeit sollten wir Samen aus einer Zone wählen, die dem zukünftigen Standort am meisten entspricht. Zum Beispiel ist es, wenn überhaupt, nur möglich, Pistazien in Deutschland anzubauen, wenn wir Pistaziennüsse von Mutterpflanzen mit nachgewiesener Winterhärte einsetzen. Bei Händlern, die ihre Samen aus dem Gebirge von Usbekistan gesammelt haben, werden wir vielleicht fündig. Die Mutterpflanzen haben Temperaturen von –20 °C überlebt. Außerdem haben die Bäume deutlich weniger Hitze zum Ansetzen der Früchte benötigt als im Tiefland von Zentralasien üblich. Damit steigt ihre Überlebenschance erheblich und vielleicht auch schon die Aussicht auf einen gewissen Ertrag; ein Experiment in der Anfangsphase, welches wir im Essgarten durchführen.

Vorgeschichte der Pflanzen

Pflanzen passen sich immer den Gegebenheiten an, und dies sollte ernsthaft berücksichtigt werden. Nicht zu unterschätzen ist die Lebensgeschichte der Pflanze selbst. Mediterrane Pflanzen, die in Italien hochgepäppelt werden, sind nicht zu vergleichen mit Pflanzen, die viel weiter im Norden aufgewachsen sind. Pflänzchen, die beim Händler eher ein schattiges Plätzchen im Gewächshaus hatten, sollten langsam an volles Tageslicht gewöhnt werden. Ein Sonnenbrand kann wortwörtlich tödlich sein. Man muss behutsam vorgehen und zugekaufte Pflanzen langsam an die lokalen Bedingungen gewöhnen.

Stammhöhe: Spindel, Hochstamm oder Halbstamm?

Die Größe eines Obstbaumes ist nicht abhängig von der Sorte, sondern von der Unterlage und davon, wie der Baum «erzogen» wurde. Dieser Unterschied ist für die strategischen Entscheidungen im Waldgarten extrem wichtig. Wir müssen also nicht nur entscheiden, welche Art (z. B. Apfel) und welche Sorte (z. B. 'Ananasrenette'), sondern auch, welche Eigenschaften die Unterlage haben soll (unempfindlich gegen hohe Bodenfeuchtigkeit, für magere Böden usw.) und wie starkwüchsig diese ist. Aber damit ist die Entscheidungslinie noch nicht zu Ende. Jetzt gilt es noch auszuwählen, welche Stammhöhe wir haben möchten. Hierzu gibt es zwei wesentliche Kriterien.

Einmal geht es darum, was an dem geplanten Standort noch stattfinden soll. Wenn neben dem Baum ein Weg verläuft oder wir unter der Baumkrone weitere Nutzungen wie Beweidung oder eine zweite Etage des Waldgartens nutzen möchten, benötigen wir einen Hochstamm. Hochstämme sind so erzogen worden, dass ihre Krone erst bei 1,8–2 m beginnt. Wir können also unter dem Baum noch hindurchgehen und weidende Tiere erreichen die Äste nicht. Dies wäre der klassische Streuobstwiesenbaum. Nehmen wir dagegen einen Halbstamm, dessen Krone bei etwa 1,5 m beginnt, ist die Nutzung einer zweiten Etage nur sehr schwer zu realisieren.

Der zweite wesentliche Unterschied betrifft den Zeitpunkt des Erntebeginns und die Lebensdauer des Baumes. Grundlegend können wir bei Bäumen sagen, je niedriger der Stamm ist, umso eher setzt der Ertrag ein. Doch umso kürzer ist auch die Lebenserwartung des Baumes. Wir können also einen Apfel als Spindel pflanzen und erhalten bereits nach einem Jahr die ersten Früchte. Als Spindel bezeichnen wir einen Baum, der ein wenig an einen Tannenbaum erinnert: Es gibt einen zentralen Stamm, von dem wir die Seitenäste waagerecht ableiten. Diese Bäume kennen wir aus fast jeder Obstplantage. Sie werden in der Regel nur 2–3 m hoch, und ihr Stamm ist so schwach, dass wir ihn für die gesamte Lebensdauer des Baumes abstützen müssen. Nach 10–20 Jahren ist der Baum erschöpft und stirbt ab. Ein Hochstamm derselben Sorte hingegen beginnt erst nach 4–5 Jahren zu tragen, der Hauptertrag lässt aber gerne auch 10 Jahre auf sich warten. Hier sehen wir also schon die strategischen Möglichkeiten: schnelle Ernte durch eine Spindel, langfristige durch einen Hochstamm. Eine Spindel kann auch sinnvoll sein, wenn uns eine Bestäuberart bei einem bestehenden Hochstamm fehlt, denn sie blüht ja schon innerhalb der ersten Jahre.

Die Merkmale der verschiedenen Obstbaumformen

	Höhe	Lebensdauer	Stützpfahl	Ernte	Platzbedarf
Spindel	2–3 m	10–20 Jahre	immer	ab 1. Jahr	3–6 m²
Busch	3–6 m	30–40 Jahre	immer	ab 2. Jahr	12–16 m²
Halbstamm	bis 10 m (Kirsche)	60–100 Jahre	nur 1. Jahr	ab 4.–5. Jahr	70–80 m²
Hochstamm	bis 10 m (Kirsche)	60–100 Jahre	nur 1. Jahr	ab 4.–5. Jahr	70–80 m²

Geht es in erster Linie um den Ertrag, sind kleinere Bäume möglicherweise die effektivere Lösung, da Schnitt und Ernte einfacher sind. Häufig ist es so, dass zum Beispiel bei Kirschen ab dem 10. Standjahr nicht mehr alle Früchte geerntet werden können, weil die Kirschen hoch oben in der Baumkrone mit Klettern und Leitern nicht mehr zu erreichen sind.

Machen die Vögel ernsthaft Konkurrenz und den Einsatz von Netzen nötig, ist das bei Hochstämmen auf Dauer nicht zu realisieren.

Kirschbaumernte: Hochstämme sind optisch ein Genuss, spendieren reichlich Schatten, sind aber im Alter nur noch teilweise zu ernten.

Aspekte bei der Pflanzenauswahl

Die erste Prämisse bei der Auswahl der Pflanzen ist: Wird diese Pflanze bei mir im Waldgarten eine Überlebenschance haben? Bei gewöhnlichen Pflanzen ist das kein Problem, aber bei exotischen, unbekannten Arten ist das immer eine wesentliche Frage. Hierbei gibt es drei entscheidende Faktoren, die stimmen müssen:

1. Das Klima
2. Der Boden
3. Das Licht

Bei allen dreien gibt es immer eine Spannbreite, was die Pflanze vertragen kann, vom optimalen über den akzeptablen bis hin zum unmöglichen Bereich. Wenn alle drei Faktoren optimal sind, kann auch die Pflanze optimal wachsen. Wenn der Standort akzeptabel oder im Grenzbereich liegt, kann man mit strategischen Maßnahmen bis zu einem gewissen Grad die Situation verbessern. Das Klima kann durch das Spielen mit dem Mikroklima ausgeglichen werden. Der Boden kann trockener, magerer, feuchter, lockerer, grobkörniger, saurer oder kalkhaltiger gemacht werden. Schließlich ist der Waldgärtner der Lichttechniker im Gelände und hat die Möglichkeit, geschickt verschiedene Flächen zu schaffen, ob sonnig, schattig oder halbschattig.

Auf der Wunschliste steht also:

1. Pflanze überlebt, ist widerstandsfähig und gesund.
2. Pflanze liefert einen guten Ertrag, ist wüchsig und blüht.
3. Pflanze liefert einen Ertrag von guter Qualität.

Safran

Seit Jahren bauen wir Safran *(Crocus sativus)* im Waldgarten an. Es kommt bei den Schülern gut an, wenn man erzählt, was 1 kg Safran kostet und dass wir ihn anbauen. Mit dem Klima kommt die Krokus-Art gut zurecht, denn sie bekommt in unserem Waldgarten auf einer sonnigen höheren Ebene einen trockenen und sehr warmen Standort, wie sie es liebt. Sie breitet sich nur leider nicht aus, und seit Jahren stagniert der Bestand bei 10 Pflanzen, also weit entfernt von den 150 000 Blüten, die für 1 kg Safran gebraucht werden. Übrigens ist das teuerste Gewürz der Welt letztendlich giftig: 5–10 g reiner Safran können bereits tödlich sein.

Klima und Winterhärtezonen

Eine wichtige Orientierung bei der Gestaltung eines Waldgartens sind die Winterhärtezonen. Konzentrieren wir uns auf Europa, finden wir 11 Winterhärtezonen. Grob gesagt, ist Malta dabei die Zone 11 und der Nordpol die Zone 1. Der deutschsprachige Raum umfasst die Zonen 5–8. Unsere Küstenregionen sind Zone 8, weil das Meerwasser die Kälteperioden abmildert. Die Bergregionen sind Zone 5, da mit steigender Höhe die Temperaturen fallen. Gleiches gilt, je weiter wir uns vom ausgleichenden Meer wegbewegen: je weiter östlich, desto niedriger die Zone. Und umgekehrt: Je weiter westlich und nördlich, desto mehr gewinnt das Meeresklima an Einfluss und die Zonen werden höher.

Die Datenbank «Plants for a Future»

Als einer der Hauptakteure der englischen Waldgarten-Bewegung hat Kenn Fern die Datenbank «Plants for a Future» (pfaf.org) ins Leben gerufen. Sie umfasst mehrere Tausend Arten aus aller Welt, die sich besonders gut dafür eignen, kultiviert zu werden und die Menschheit zu ernähren. Die Datenbank ist zwar auf Englisch, es sind aber nur wenige Kenntnisse nötig, um die essenziellen Informationen zu bekommen.
Über jede Pflanze gibt es detaillierte Informationen. Man braucht nur den wissenschaftlichen Namen der Pflanze in die Datenbank einzugeben, und erhält folgende Informationen:

- die Winterhärte
- eine Angabe zur Geschmacksqualität (von 1 = kaum genießbar bis 5 = Delikatesse)
- eventuelle Einschränkungen und Bedenken bezüglich der Verträglichkeit
- Angaben zu den essbaren Teilen
- detaillierte Angaben zur medizinischen Wirkung
- gute Beschreibung der optimalen Standortbedingungen
- gute Informationen über die Vermehrungsmethoden

Ein sehr hilfreiches Tool bei der Planung eines Waldgartens ist auch die Suchfunktion, durch die man in wenigen Schritten genau die richtigen Arten für einen Standort ermitteln kann.

Erstens können die Merkmale des Grundstücks oder Standorts eingegeben werden, wie:
- die Klimazone;
- die Bodenfeuchtigkeit, von sehr feucht bis sehr trocken;
- der pH-Wert des Bodens.

Zweitens können die Merkmale der Pflanze eingegeben werden:
- die Größe;
- die gewünschte Eigenschaft, z. B. essbare Blätter;
- die gewünschte Geschmacksqualität;
- eventuelle medizinische Wirkung;
- weitere Eigenschaften wie z. B. Bodenverbesserung.

Viele der vorgeschlagenen Pflanzen sind zudem einfach im Handel erhältlich.

Jede Pflanze wird mit einer Winterhärtezone gekennzeichnet, damit hat man eine grobe Richtlinie, welche Pflanzen ausreichend Winterhärte haben, um in einer gewissen Region überleben zu können. Manchmal wird ein Zonenfenster mit Ober- und Untergrenze angegeben, denn auch Hitzestress entscheidet, ob eine Pflanze überlebt.

Grobe Einteilung der Winterhärtezonen für Gehölze in Mitteleuropa (nach W. Heinze und D. Schreiber 1984)

Winterhärte-zone	untere Grenze in °C	obere Grenze in °C
5b	–26,0	–23,4
6a	–23,3	–20,6
6b	–20,5	–17,8
7a	–17,7	–15,0
7b	–14,9	–12,3
8a	–12,2	–9,5
8b	–9,4	–6,7

Wie in der Grafik zu sehen, gibt es in Deutschland sehr unterschiedliche klimatische Bedingungen und entsprechende Winterhärtezonen. Das ist hilfreich für eine grobe Orientierung, reicht aber nicht, um den eigenen Garten einer Winterhärtezone zuordnen zu können. Da muss man häufig noch etwas genauer hinschauen, da auf lokaler Ebene noch viele andere Faktoren eine Rolle spielen.

Zum Beispiel herrscht in Stadtgebieten und in der Nähe von Flüssen und Seen (die im Winter nicht zufrieren) milderes Klima. Eine halbe bis eine ganze Winterhärtezone höher in Vergleich mit der Umgebung ist gut möglich. Auch den Einfluss von Tälern, Kesseln, Hängen und Hügeln sollten wir dabei unbedingt beachten.

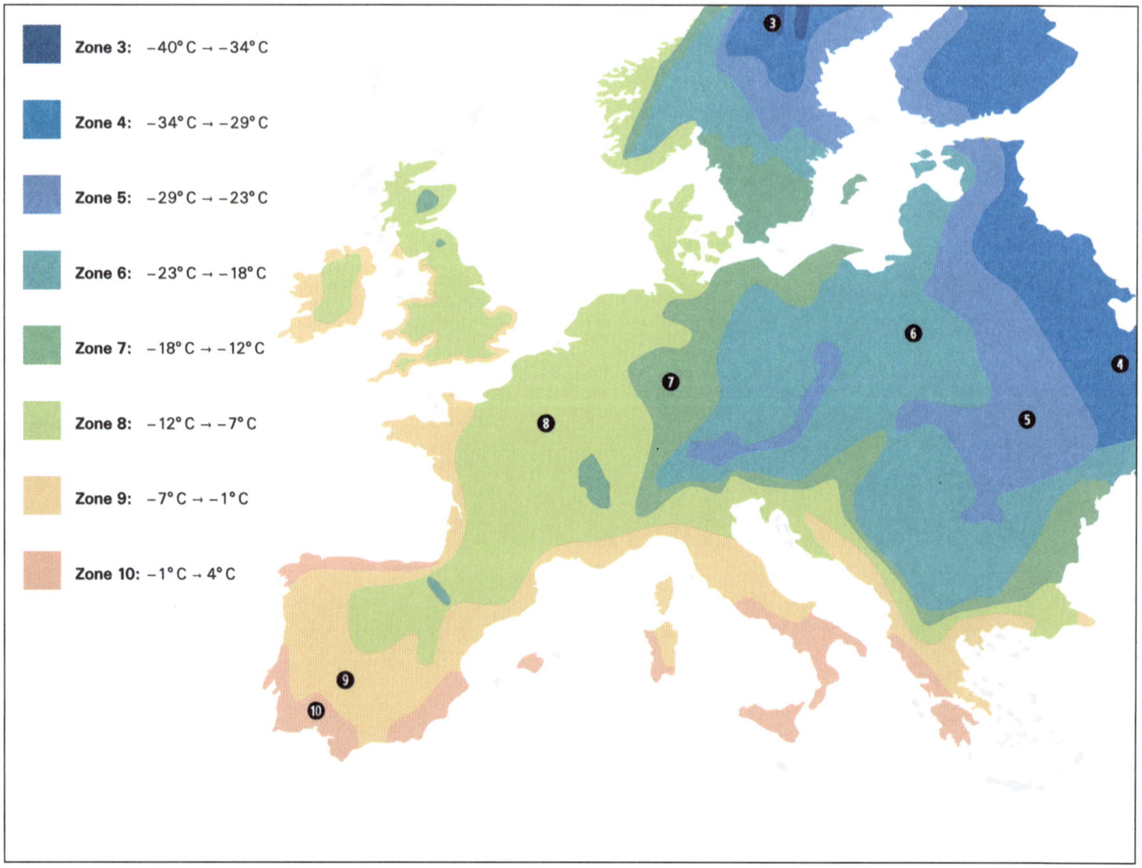

Die Winterhärtezonen in Europa (nach www.garten-pur.de)

Wenn die Winterhärtezone des Waldgartengrundstücks bekannt ist, kann grob ermittelt werden, welche Pflanzen dort gedeihen können oder welche chancenlos sind.

Dann wird man genauer und bezieht die lokalen Gegebenheiten im Garten mit ein. «Grenzgänger», die an der sonnigen Seite der wärmespeichernden Trockenmauer problemlos gedeihen, können auf der Schattenseite der Mauer gnadenlos eingehen. Aus diesem Grund ist es ratsam, erst einmal mit «sicheren Kandidaten» zu starten. Je teurer die Pflanze ist oder je unsicherer ihre Überlebenschance, desto mehr lohnt es sich hinzuschauen. Denn Fehler sind meistens unumkehrbar. Wir müssen vor allem beobachten: Wo schmilzt der Schnee im Winter zuerst? Wo gibt es immer Bodenfröste? Wo bleibt es am Sommerabend am längsten warm?

Um diese Beobachtung etwas genauer zu machen (insbesondere, wenn wir das Grundstück noch nicht genau kennen), können wir zwei Zeigerpflanzen aussäen, die uns gute Hinweise auf das Mikroklima geben. Ganz zeitig im Jahr säen wir an unterschiedlichsten Stellen Radieschen oder andere, sehr frühe Gemüsepflanzen aus. Wir werden dann feststellen, dass die Pflanzen an den warmen Standorten bis zu zwei Wochen früher keimen. Die zweite Pflanze ist die Kapuzinerkresse. Diese Pflanze erfriert schon bei leichtem Frost. Wenn wir also im Sommer überall ein bisschen Kapuzinerkresse aussäen und dann nach den ersten Frösten nachsehen, welche Pflanzen es erwischt hat, haben wir einen guten Überblick, wo sich die Wärme länger im Gelände hält.

Die Blätter der Kapuzinerkresse, die ein bisschen näher an der Trockenmauer liegen, haben durch deren Wärmespeichervermögen den ersten Frost überstanden, die anderen sind erfroren.

Erst mal ist die Wahrscheinlichkeit sehr groß, dass eine Pflanze in der ihr zugewiesenen Winterhärtezone überlebt. Die Literatur geht von 80 % aus. In der nächstwärmeren Zone wird sich dieser Anteil weiter erhöhen. Das gilt, bis die Zone erreicht wird, wo es der Pflanze wegen Hitzestress zu heiß wird. Diese Unterteilung ist insbesondere bei älteren Pflanzen entscheidend. Eine Jungpflanze hingegen benötigt – trotz richtiger Winterhärtezone – manchmal noch einen gewissen Winterschutz. Ein Winterschutz, also etwa Laub- oder Mulchschichten auf den Wurzeln, kann allerdings auch bei älteren Bäumen einiges bewirken. In Regionen mit sehr strengen Wintern gibt es die arbeitsaufwendige, aber effektive Methode, die ganze Pflanze auszustechen, inklusive Wurzelballen horizontal hinzulegen und sorgfältig zuzudecken, damit Frost und Feuchte die Pflanze nicht schädigen können. Nach dem Winter werden die Pflanzen dann wieder aufgerichtet. Ein Praktikant berichtete uns, dass sein Vater auf diese Weise Zitronen in Usbekistan züchtet, bei Temperaturen von bis zu −20 °C.

Winterschutz-Bananen: Mit extremen Methoden kann ausreichend Winterschutz geboten werden.

Hitzestress

Nicht nur Kälte kann Pflanzen das Genick brechen, auch Hitze ist ein Faktor, der berücksichtigt werden sollte. So ist bekannt, dass z. B. Äpfel eine gewisse Zahl von Kältestunden brauchen, um überhaupt zu fruchten. Suchbegriffe, die im Netz einiges an Information liefern, sind «Hitzetoleranz» und «Hitzestress». Hierbei spielen die absoluten Temperaturen, aber auch zu hohe Nachttemperaturen eine Rolle.

Diesen Aspekt verdeutlicht bei uns die Passionsblume mit ihren essbaren Früchten und Blüten. Sie wächst draußen deutlich üppiger und blüht über eine längere Periode als unter Glas. In der Orangerie ist es ihr deutlich zu warm. Dort überlebt sie zwar, blüht aber nicht. Bei extremen Wintertemperaturen hat sie im Gewächshaus bessere Chancen, die allerbesten Chancen aber natürlich im Gebirge von Brasilien, ihrem natürlichen Standort. Unsere Aufgabe im Waldgarten ist immer, nicht den perfekten, sondern den möglichst besten Standort zu finden.

Eine der winterhärtesten Passionsblumen: die Blaue Passionsblume *(Passiflora caerulea)*

Wie und von wem aber werden Pflanzen den Winterhärtezonen zugeordnet? Die Frage wird umso berechtigter, wenn man sieht, dass verschiedene Quellen verschiedene Angaben machen. Manche Pflanzen, die allgemein als standardwinterhart eingestuft werden, gehen trotz größter Sorgfalt immer ein. Könnte es sein, dass kommerzielle Interessen eine Rolle spielen? Sicher. Fakenews sind auch in der Botanik keine Seltenheit. Gute Hinweise geben uns eigentlich immer die botanischen Gärten in der Nähe. Hier sieht man schnell, welche Arten gut wachsen und welche nicht. Und natürlich immer Augen und Ohren auf: Was wächst in anderen Gärten in der Nachbarschaft? Enorm hilfreich sind zudem die vielen Internetforen, wo gezielt Fragen gestellt werden können und manchmal kompetente Antworten ein langes Experimentieren ersparen.

Für den Waldgartenbesitzer ist das Überleben der Pflanze nur die erste Hürde. Denn oft werden die Bäume und Sträucher wegen ihrer begehrten Früchte gepflanzt. Überleben und ein zufriedenstellendes Ergebnis sind aber zwei verschiedene Dinge. Denn in Nordeuropa ist es beispielsweise häufig schlichtweg zu kalt, zu windig usw., um eine Ernte von qualitativ guten Früchten einzufahren. Granatapfel, Brustbeere und Seidenraupenbaum sind einige Beispiele, die in Freilandkultur zwar überleben, aber keine Früchte ansetzen oder sie nicht zur Reife bringen.

Nur an sehr warmen Standorten im mitteleuropäischen Raum können die Granatäpfel ausreifen.

Die Blüten des Scharfzähnigen Strahlengriffels

40 interessante Pflanzen für den Waldgarten

Auf den folgenden Seiten stellen wir 40 unterschiedliche Pflanzen vor, die einen hohen Stellenwert im Waldgarten haben können, teilweise weil sie sehr schmackhaft sind oder gute Erträge liefern. Manchmal auch, weil sie eine sonst sehr schwierige Zone besiedeln oder sich sehr gut kombinieren lassen mit anderen Wünschen. Natürlich gibt es auch das sehr gute, breite Sortiment der «klassischen» Obstgehölze. Da hierzu aber überall gute Informationen vorliegen, stellen wir hier die unbekannteren Arten vor.

Zu den verwendeten Symbolen

Hinweis auf Ungenießbarkeit/Giftigkeit (einzelner Teile) der Pflanze.
Siehe dazu auch Seite 243.

Hinweis auf potenziell invasive Pflanzen.
Siehe dazu auch Seiten 118ff.

Scharfzähniger Strahlengriffel *(Actinidia arguta)*

Die Früchte des Chinesischen Strahlengriffels sind auch in Mitteleuropa zu kultivieren. Sie sind mit dem Scharfzähnigen Strahlengriffel verwandt.

Wissenswertes: Diese Frucht hat mehrere Vorteile: guter Geschmack, super Ertrag, einfach im Anbau. Sie wird auch Kiwibeere, Honigbeere, Kokuwa, Kiwai oder Kleinfruchtige Kiwi genannt. Eine wichtige Eigenschaft ist, dass die Frucht keinen «pelzigen Mantel» hat und direkt gegessen und verarbeitet werden kann. Ein weiterer Vorteil gegenüber der Kiwi ist, dass die Früchte des Scharfzähnigen Strahlengriffels bei Vollreife herunterfallen und einfach vom Boden aufgelesen werden können.

Mittlerweile gibt es viele Sorten im Handel, die alle gleich gut schmecken. Generell ist der Strahlengriffel eine zweihäusige Pflanze, aber es gibt auch Sorten, die selbstfruchtend sind, z. B. 'Issai' und 'Kokuwa'. Weiterhin gibt es Sorten mit purpurfarbenen Früchten, wie z. B. die Sorte 'Scarlet September'.

Fast identisch ist der Kolomikta-Strahlengriffel *(A. kolomikta)*, der manchmal zusätzlich wegen seiner schönen Belaubung eingesetzt wird. Auch die herkömmliche Kiwi kann gut angepflanzt werden. Deren Früchte ernten wir im Essgarten kurz vor dem ersten richtigen Frost und lassen sie bei Zimmertemperatur ausreifen.

Winterhärtezone: ab 4

Merkmale: Essbare, 2–3 cm große, süße Früchte. Baumsaft. Bis 7 m hohe Kletterpflanze.

Kultur: Die wichtigste Entscheidung ist wohl, wo die Art gepflanzt wird. Denn einmal etabliert, rankt sie gerne in benachbarte Bäume. Ihre Früchte sind dann häufig oben im Baum unerreichbar. Sehr geeignet ist sie allerdings, um alte, unansehnliche Hecken zu überwuchern.

Schattige Füße und einen sonnigen Kopf liebt sie am meisten. Außerdem ist sie eine kalkmeidende Pflanze, die einen lockeren, leicht sauren Boden bevorzugt. Ab und zu sollte sie zurückgeschnitten werden, damit Blüte und Fruchtansatz neu angeregt werden. Dies erfolgt am besten im Winter, denn der Strahlengriffel neigt zum starken Bluten. Sollte dies einmal passieren, kann der Saft getrunken werden!

Vermehrung: Da anscheinend die meisten Sämlinge männlich sind, ist es sicherer und gleichzeitig sehr einfach, mit Stecklingen zu arbeiten, um ein weibliches Exemplar zu kultivieren.

Strauchkastanie *(Aesculus parviflora)*

Strauchkastanie

Wissenswertes: Die Gattung Rosskastanien *(Aesculus)* gehört zur Familie Seifenbaumgewächse, was bereits darauf hindeutet, dass ihre Vertreter Seifenstoffe enthalten. Deswegen sind Rosskastanien *(A. hippocastanum)* wörtlich eher geeignet als Waschkastanien, nicht als Naschkastanien. Es ist zwar möglich, die Seifenanteile zu entfernen, um sie genießbar zu machen, aber sehr umständlich. Die Strauchkastanie *(A. parviflora)* wiederum scheint sehr geringe Anteile an Seifenstoffen zu haben, denn unsere sind angenehm im Geschmack. Möglicherweise gibt es sogar Unterschiede innerhalb einer Sorte. Deshalb empfehlen wir, Ableger von einer Mutterpflanze zu nehmen, die «gut» schmeckt. Abgesehen vom menschlichen Geschmacksempfinden sind sie aufgrund ihrer hohen Nektar- und Pollenproduktion auch sehr geschätzt bei Bienen und anderen Insekten. Weiter lässt sich die Gelbe Rosskastanie *(A. flava)* empfehlen, welche auch frei von Bitterstoffen zu sein scheint. Wir haben einige Jahre gewartet, aber noch nicht das Glück gehabt, diese Behauptung bestätigen zu können.

Winterhärtezone: ab 5

Merkmale: Essbare Kapselfrüchte. Entwickelt unterirdische Ausläufer und verbreitet sich relativ schnell. 4 m hoher Strauch. Möglicherweise gibt es an wärmeren Standorten höhere Erträge.

Kultur: Ist relativ anspruchslos und kommt mit sonnigen, aber auch mit überwiegend schattigen Plätzen aus. Liebt einen eher feuchten, frischen Boden. Das Abtrennen von Ausläufern von geeigneten Mutterpflanzen ist problemlos.

Fingerblättrige Akebie, Klettergurke *(Akebia quinata)*

Die Fingerblättrige Akebie blüht zartrosa.

Wissenswertes: Ihren weitverbreiteten Namen, Schokoladenwein, hat die fingerblättrige Akebie wohl aufgrund des besonderen Geruchs ihrer Blüten bekommen – denn ihre Früchte schmecken weder nach Schokolade noch nach Wein. Ihre jungen Blätter und Triebe können gegessen werden, sind aber bitter und werden darum besser eingelegt oder als Tee verwendet. Begehrt sind aber die Früchte. Man braucht eine zweite Pflanze, denn eine Kreuzbestäubung ist absolut notwendig. Hierfür ist es am sichersten, die weißblütige Sorte 'Alba' zu nehmen oder eine gesicherte Art wie 'Amethyst Glow' (mit größeren Blüten), 'White Chocolate' (mit vielen kleinen Blüten und zartrosa Früchten) oder die 'Lilac Cream' (mit großen Früchten). Alle anderen normalen Akebien im Handel sind wahrscheinlich Klone von einer Mutterpflanze.

Die 10 cm großen Früchte sehen schon besonders aus. Ihre lilafarbenen Schalen können als Gemüse gegessen werden: Geschmacklich erinnern sie an milden Chicorée.

Die längliche Frucht an sich schmeckt nach Melone, enthält aber viele nicht genießbare Samen. Eine weitere Verwandte ist die Kleeblättrige Akebie *(A. trifoliata)*. Sie hat etwas größere Früchte, aber sonst die gleichen Eigenschaften. Von ihr sind mittlerweile auch verschiedene Sorten im Handel.

Winterhärtezone: ab 5

Merkmale: Essbare, 10 cm große Früchte, essbare Schale, essbare Blätter. Bis 12 m hohe Kletterpflanze.

Kultur: Dort, wo sie sich wohlfühlt, hat sie einen invasiven Charakter, breitet sich über dem Boden aus und überwuchert gerne ihre Strauchnachbarn. Wichtig ist, dass sie eingedämmt wird, da sie als potenzieller Neophyt gilt: Früchte sollten rechtzeitig geerntet und ungewollte Ausläufer sorgfältig entfernt werden. Im Essgarten haben wir sie seit 25 Jahren beobachtet. Sie ist besonders gut geeignet, um schnell einen essbaren Sichtschutz an Zäunen zu bilden. Abgestorbene Bäume werden von ihr als Gerüst erobert. Die Akebie ist eine sehr anspruchslose Pflanze, die mit fast allen Böden und Lichtverhältnissen zurechtkommt.

Vermehrung: Zur Vermehrung können ihre Absenker einfach von der Mutterpflanze getrennt werden.

Geöffnete Akebienfrucht

Erlen-Felsenbirne *(Amelanchier alnifolia)*

Die Früchte der Erlen-Felsenbirne

Wissenswertes: Von den 25 Felsenbirne-Arten ist die Erlen-Felsenbirne nach unserer Meinung jene mit dem besten Geschmack. Neben ihren herrlichen, lagerfähigen Früchten hat sie auch noch eine wunderschöne Herbstfärbung.

Der einzige Nachteil ist wohl ihre Beliebtheit bei Vögeln. Eine Strategie hierfür ist Überfluss zu schaffen: Viele Sträucher und die Nähe von gleichzeitig fruchtenden Arten (Kirschen) sichern uns seit Jahren eine gute Ernte.

Qualitativ gute Früchte und ihre Anspruchslosigkeit machen sie zu einer potenziellen Art für den kommerziellen Anbau. In Kanada gibt es bereits einige Plantagen, z. B. in Alberta. Im Handel sind einige verschiedene Sorten erhältlich, z. B. 'Ballerina', eine Züchtung mit nachweislich reichlicher Ernte, oder 'Smoky' mit größeren Früchten und einer ebenfalls guten Ernte. Weitere gut schmeckende Arten sind die Kahle Felsenbirne *(A. laevis)*, die Kupfer-Felsenbirne *(A. lamarckii)* und die Ausläufertreibende Felsenbirne *(A. stolonifera)*.

Winterhärtezone: ab 2

Merkmale: Essbare, bis 15 mm große, süße Früchte. 4 m hoher Strauch.

Kultur: Fühlt sich auf nicht zu trocknen oder zu nassen Standorten wohl und das in der Sonne oder in leichtem Schatten.

Sie bildet Wurzelschösslinge, wobei erst die zweijährigen Ausläufer ausreichend Wurzeln haben, um abgestochen zu werden und überleben zu können.

Die Erlen-Felsenbirne in Blüte

Japanische Aralie *(Aralia elata)*

Junger Trieb der Japanischen Aralie

Wissenswertes: Auf die Frage, warum die Aralie auch Japanischer Teufelskrückstock genannt wird, antworten wir gerne: «Fass ihn mal an.» Der dornige Stamm beantwortet die Frage selbst. Von diesem dekorativen Baum werden in Japan die jungen Triebe in Geschäften als Gemüse angeboten. Bei uns werden die ca. 10 cm jungen Austriebe mit samt etwas Holz vom Baum getrennt, schön angeordnet und in kleinen Boxen als «Taranome» verkauft, um für verschiedene Gerichte verwendet zu werden. Bei der Ernte ist es wichtig zu überprüfen, ob die kleinen Stacheln auf den Trieben noch samtweich sind, damit sie beim Verzehr nicht stören. Dabei bestätigt sich ein anderer Name, «Japanischer Angelikabaum», denn sein delikater Geschmack geht eindeutig Richtung Angelika: Engelwurz.

Eine kleinere Vertreterin der Gattung ist *Aralia cordata*, auch «Udo» oder «Japanischer Spargel» genannt. Sowohl die gebleichten als auch die ungebleichten Triebe schmecken zart und köstlich. Sie ist eine Uferpflanze und somit Spezialist für schattige, feuchte, kühlere Ecken des Gartens.

Winterhärtezone: ab 4

Merkmale: Essbare junge Triebe. 5–6 m hoher Baum.

Kultur: Liebt einen windgeschützten Standort. Obwohl sie volle Sonne akzeptiert, bevorzugt sie einen halbschattigen Standort, insbesondere wenn er feucht und eher sauer ist. Zu warme Standorte (über 30 °C) sollten gemieden werden, da die Aralie sonst unter Hitzestress leidet. Im Wesen ist sie eine Pionierpflanze und breitet sich über Wurzelschösslinge aus.

Vermehrung: Die Vermehrung über Wurzelausläufer im Spätwinter durch Abstechen ist daher spielerisch leicht. Weiterhin kann die Aralie über Wurzelstecklinge und Samen (5 Monate kalt stratifizieren) vermehrt werden.

Junge Knospe der Japanischen Aralie

Schwarze Apfelbeere *(Aronia melanocarpa)*

Die fast reifen Früchte der Schwarzen Apfelbeere

Wissenswertes: Mittlerweile hat die Apfelbeere eine gewisse Bekanntheit erreicht, und es gibt einige kommerzielle Anbaugebiete in Europa. Sie ist problemlos in der Kultur, ertragreich und dazu gesund! Ihre positiven gesundheitlichen Eigenschaften werden auch durch wissenschaftliche Studien belegt.

In manchen Jahren ist der Ertrag so groß, dass ganze Äste vom Gewicht der Früchte zu Boden gedrückt werden. Nach der Ernte richten sie sich von allein wieder auf.

Der einzige kleine Nachteil ist der Nachgeschmack. Er hinterlässt selbst bei Marmelade ein stumpfes Kreidegefühl. Beim Kochen kann man das mit etwas Fett und Zucker camouflieren.

Eine weitere positive Eigenschaft ist aber ihre wundervolle Farbe, die beim Kochen zum Färben von Speisen eingesetzt werden kann.

Seit einigen Jahren wird eine Vielzahl von Sorten und Hybriden angeboten, die in Fruchtgröße oder Ertrag, aber weniger im Geschmack, die Wildform überbieten können. Einige Beispiele sind 'Hugin', 'Nero', 'Viking', 'Mitchurin' und 'Aron'.

Winterhärtezone: ab 4

Merkmale: Essbare, 1 cm große Früchte. Bis 2,5 m hoher Strauch.

Kultur: Sonne oder Halbschatten. Bevorzugt kalkfreie Standorte und verträgt auch etwas Trockenheit.

Vermehrung: Das Abstechen von Seitentrieben im Frühling ist einfach. Sobald einige Wurzeln vorhanden sind, kann der Sprössling direkt ausgepflanzt werden.

Indianerbanane *(Asimina triloba)*

Indianerbananen-Früchte

Wissenswertes: Eine der spektakulärsten Früchte des modernen Waldgartens ist wohl die Indianerbanane. Der Anbau von «tropischen Früchten», die einen erheblichen Frost vertragen können, ist doch ein kleines Wunder. Die Indianerbanane kommt aus Nordamerika, wo sie an Flüssen wächst. Das ist ein entscheidender Hinweis für ihre Kultivierung! Die Früchte haben wirklich einen tropischen Geschmack.

Das Fruchtfleisch kann ausgelöffelt werden. Mittlerweile werden viele Kultursorten und auch Sämlinge angeboten. Bei Letzteren lassen die heißbegehrten Früchte manchmal 25 Jahre auf sich warten. Daher sind die kostspieligen Kultursorten die bessere Wahl, denn sie tragen schon nach einigen Jahren.

Winterhärtezone: ab 5

Merkmale: Bis 10 cm große, tropisch schmeckende Früchte. Bis 5 m hoher Baum.

Kultur: Verträgt in ihrer Jugend schlecht Sonne, was typisch ist für eine Uferpflanze. Sollte mit zunehmendem Alter immer weniger schattiert werden, um sicher zur Reife zu kommen. Weiterhin braucht sie ausreichend Wasser in der Wachstumsphase. Für einen optimalen Fruchtansatz am besten mehrere Kultursorten oder Sämlinge pflanzen. Üblicherweise pflanzt man zwei Stück dicht zusammen, damit die Pflanzen ineinander wachsen, denn die Bestäubung übernehmen bei uns wohl Schmeißfliegen. Diese müssen dann auch angelockt werden. Hier ist Fantasie, Eifer oder Mut gefragt. Die amerikanischen Züchter machen das rustikal, mit einem Kadaver im Baum. Das kann man clever durch eine Unterpflanzung mit Pflanzen, die einen Aasgeruch verbreiten, umgehen. Ein Beispiel dafür ist der Aronstab *(Arum maculatum)*. Ganz geruchsneutral und ohne Schmeißfliegen kann man auch selbst zum Pinsel greifen und bestäuben.

Vermehrung: Die Vermehrung durch Samen ist recht einfach, sie sollten 16 Wochen in leicht feuchter Erde unter 5 °C gelagert werden. Die Aufzucht ist problemlos.

Gewöhnliche Berberitze *(Berberis vulgaris)*

Die Gewöhnliche Berberitze trägt unzählige rote Früchte.

Wissenswertes: Ein Prachtexemplar für den Waldgarten. Essbare Blätter, essbare Früchte. Im Frühling ein Insektenmagnet. Viele gesunde Inhaltsstoffe und unendlich viele Rezepte im Internet. Berberitzen-Reis ist im Orient ein Traditionsessen. Jede Region hat ihre eigenen Rezepte und Traditionen. Gerne werden die Früchte mit frischem Safran in Öl angebraten, wodurch eine lecker-knusprige Kruste entsteht. Wer schon getrocknete Berberitzenbeeren schätzt, sollte unbedingt die frischen ausprobieren. Denn dann wird gleich klar, warum sie geläufig Sauerdorn genannt wird: Die Früchte sind extrem sauer! Weil sie aber so klein sind, ist das gar kein Problem und so bereichern sie, wohl dosiert, jedes Gericht mit einer kleinen, sauren Geschmacksexplosion. Es gibt einige Sorten auf dem Markt, z. B. 'Dulcis' mit süßeren Früchten und 'Asperma' mit samenfreien Früchten. Aber auch die Urform bietet ausreichend Qualität, und der Mehrpreis für Sorten ist nicht unbedingt gerechtfertigt. Eine weitere Empfehlung ist die Koreanische Berberitze *(B. koreana)*, wobei die Sorte 'Rubin' etwas größere Früchte trägt.

Winterhärtezone: ab 3

Merkmale: Essbare, 1 cm große, saure, rote Früchte und junge Blätter. 3 m hoher Strauch.

Kultur: Bevorzugt Sonne und leicht feuchten Boden, überlebt aber auch auf weniger geeigneten Standorten.

Vermehrung: Die Vermehrung über Wurzelausläufer im Spätwinter ist durch Abstechen möglich. Außerdem kann die Berberitze über Stecklinge und Samen (12 Wochen kalt stratifizieren) vermehrt werden.

Esskastanie *(Castanea sativa)*

Junger Fruchtansatz der Esskastanie

Wissenswertes: Ein widerstandsfähiger Baum mit Zukunft, da wir mit ansteigenden Temperaturen und zunehmenden Trockenperioden im Sommer rechnen müssen. Eine der Top-Pflanzen des Waldgartens, denn die Früchte sind schnell geerntet, lagerfähig und vielseitig verwendbar in der Küche. Für einen guten Ertrag sollten mehrere Bäume gepflanzt werden. Wir haben um die 20 Bäume aus Samen von gesunden Bäumen aus der Umgebung gezogen, denn großfruchtige Kastanien produzieren mit hoher Wahrscheinlichkeit großfruchtigen Nachwuchs. Danach haben wir die Bäume mit kleinen Kastanien aussortiert und das Holz zur Pilzzucht, z. B. für Shiitakepilze, verwendet.

Während der Befruchtung in den Sommermonaten brauchen Kastanien trockene, heiße Luft.

Im Handel gibt es eine Reihe von Veredelungen. Hierbei ist zu bedenken, dass es zu Problemen kommen kann (und wir sprechen aus Erfahrung): Bei den veredelten Bäumen entsteht oft erst Jahre später eine Unverträglichkeit zwischen der Unterlage und dem Edelreis. Weiterhin ist die Veredelungsstelle ein Eintrittspunkt für den Wundparasiten Kastanienrindenkrebs. Deswegen konzentriert sich die Wissenschaft auf effektivere Methoden, um Kastanien mit Stecklingen zu vermehren. Das ist bisher möglich, aber kompliziert, da die Bewurzelung schwierig bleibt.

Winterhärtezone: ab 5

Merkmale: Essbare Kastanien, die roh etwas bitter sind, nach dem Erhitzen werden sie süßer. Bis 30 m hoher Baum.

Kultur: Braucht einen gut drainierten Boden, etablierte Bäume kommen gut mit trockenen, mageren Böden zurecht.

Vermehrung: Die Esskastanien sollten direkt in die Erde gesteckt werden, man sollte sie aber vor Mäusen und anderen Feinschmeckern schützen.

Chinesische Zierquitte *(Chaenomeles speciosa)*

Eine Mischkultur aus Japanischer Zierquitte und Aralie

Wissenswertes: Jeder kennt sie aus dem Park, kaum einer hat sie schon mal geerntet und gegessen. Zierquitten werden auch noch in der jetzigen Zeit im Baltikum als normales Erzeugnis auf Märkten verkauft. Die Chinesische Zierquitte ist relativ groß und einfach zu kultivieren.

Hierzulande wird sie unterschätzt. Sie schmeckt aromatischer als die normale Quitte. Dieses typische Aroma riecht man bei der Ernte, wenn ein Korb mit frischen Früchten den Raum angenehm parfümiert. Ihre Verwendung in großen öffentlichen Rabatten zeigt, wie anspruchslos sie ist.

Einige interessante Arten sind im Handel erhältlich, z. B. eine Hybride zwischen *C. japonica* und *C. speciosa*. Die Japanische Zierquitte *(C. japonica)* ist der Chinesischen ähnlich, hat aber etwas kleinere Früchte. Es gibt einige Sorten mit besseren Früchten, z. B. 'Friesdorfer Typ 205' oder die dornenlose 'Cido', eine lettische Auslese. Sie liefert Früchte mit besonders hohem Vitamin-C-Gehalt und wird als Zitronen-Ersatz verwendet.

Die bis 15 cm großfruchtige Zierquitte 'Cathaya' *(C. catayensis)* scheint schwieriger in der Kultur. Aber im Waldgarten sollte man niemals aufgeben, denn geschmacklich wird sie noch etwas besser beurteilt als die Chinesische Zierquitte.

Winterhärtezone: ab 5

Merkmale: Essbare, 5–7 cm große Früchte. Bis 3 m hoher Strauch.

Kultur: Braucht einen gut drainierten Boden und verträgt extrem kalkhaltige Böden nicht gut. Das zeigt sie mit gelben Blättern. Schatten verträgt sie gut, Sonne stimuliert jedoch den Fruchtansatz.

Vermehrung: Die Samen sollten direkt ausgesät werden. Werden sie gelagert, sollten Samen 12 Wochen stratifiziert werden. Die Vermehrung über Stecklinge ist unkompliziert.

Japanischer Hartriegel *(Cornus kousa)*

Die skurrilen Früchte des Japanischen Hartriegels

Wissenswertes: Die Früchte des Japanischen Hartriegels sehen an sich nicht vertrauenerweckend aus, um sie zu verspeisen. Neuerdings werden sie aber als «Berglitschi» angepriesen. Tatsächlich haben die Früchte auf den ersten Blick Ähnlichkeit mit der tropischen Litschi, geschmacklich und farblich unterscheiden sich die geschälten Früchte jedoch deutlich. Der Japanische Hartriegel ist eine weitverbreitete Zierpflanze. Es gibt ihn in vielen Sorten, mit vielen Blütenvariationen. Der Waldgärtner jedoch interessiert sich in erste Linie für die Frucht und deren Geschmack. Was die Fruchtgröße betrifft, findet man mehr Variation als im Geschmack. Die Sorten 'China Girl' und 'Teutonia' werden mit größeren Früchten beschrieben, unsere Erfahrung war aber eher enttäuschend. Mit eigenen Sämlingen haben wir die besten Erfahrungen gemacht. Die Sämlinge von Sträuchern mit relativ kleinem Fruchtansatz haben wir aussortiert und uns über die Sträucher mit übergroßen Früchten gefreut.

Winterhärtezone: ab 5

Merkmale: Essbare Früchte mit besonderem, für manche Menschen tropischem Geschmack. Langsam wachsender, bis 10 m hoher Baum. Auch junge Blätter können gegessen werden.

Kultur: Gedeiht auf frischem, leicht saurem Boden. Staunässe, Lehm und schwere Böden sollten gemieden werden. Sein natürlicher Standort sind Waldränder und Ufer, was auf einen geschützten Platz mit hoher Luftfeuchte hinweist. Wir haben die Erfahrung gemacht, dass er auf trockeneren Standorten und in trockeneren Jahren kaum Früchte ansetzt.

Vermehrung: Die Samen sollten 3–4 Monate stratifiziert werden. Eine Vermehrung über Stecklinge ist relativ unproblematisch.

Kornelkirsche *(Cornus mas)*

Kornelkirschen-Blüten

Wissenswertes: Dieser Frühlingsbote bringt fast jedes Jahr reichlich Früchte, wenn die Blüte nicht zu früh eintritt und die Hummeln und Bienen bereits fliegen. Mittlerweile hat die Kornelkirsche sich als Wildobst etabliert. Ihre Kirschen müssen genau auf den Punkt gegessen werden: Zu früh schmecken sie extrem bitter. Den «Punkt» erkennen wir daran, dass die Kornellen sich etwas dunkler färben und gleichzeitig etwas weicher werden. Dann sollte vorsichtig beim Essen getestet werden, ob sich die Frucht mit der Zunge zerdrücken lässt. Wenn ja: Den auf der Zunge schmelzenden süßlichen Geschmack genießen. Wenn nein: Ausspucken oder sehr mutig sein und weiteressen.

Eine hilfreiche Methode ist es, die Früchte rot zu ernten und an einem geschützten Ort nachreifen zu lassen. Alle 2–3 Tage schaut man nach den Früchten und sucht die dunklen, vollreifen heraus. Sie werden direkt konsumiert, zu Marmelade verarbeitet oder eingefroren, um z. B. herrliche Desserts zuzubereiten.

Die unreifen Früchte können wie Oliven verarbeitet werden, denn Salzlake entzieht ihnen die Bitterstoffe. Eine prima nördliche Alternative zu der mediterranen Delikatesse!

Im Handel werden viele verschiedene Veredelungen mit deutlich größeren Früchten angeboten. Die Investition lohnt sich, denn die Kerne sind bei großen und kleinen Früchten gleich groß. Empfehlungen sind die Sorten 'Jolico', 'Gourmet Dirndl' und 'Kasanlaker'.

Winterhärtezone: ab 5

Merkmale: Essbare, gut schmeckende Früchte. Bis 5 m hoher Strauch.

Kultur: Anspruchslos; verträgt eine große Bodenbandbreite von sauer bis alkalisch und liebt einen eher feuchten und sonnigen Standort.

Vermehrung: Frische Kerne gut reinigen und direkt säen. Gelagerte Kerne werden 3–4 Monate kalt stratifiziert und im frühen Frühling draußen zum Keimen gebracht.

Die Vermehrung über Stecklinge und Absenker ist auch nicht kompliziert.

Kornelkirschen-Früchte

Schraders Weißdorn *(Crataegus schraderiana)*

Die Ernte des Schraders Weißdorns

Wissenswertes: Erfreulich ist, dass die Früchte aller Weißdorn-Arten essbar sind. Allerdings schmecken die meisten eher fade. Nicht umsonst heißt er im Volksmund auch Mehlbeerbaum (nicht zu verwechseln mit der eigentlichen Mehlbeere aus der *Sorbus*-Gattung).

Die mehligen Arten lassen sich zum Beispiel eingebacken in Brot gut verarbeiten. Aber abseits des faden Geschmacks haben alle Weißdorn-Arten ihre Berechtigung: Der Eingriffelige Weißdorn *(C. monogyna)* beispielsweise ist zwar auch geschmacklos, aber dafür sehr geschätzt für seine medizinischen Eigenschaften. Unsere Empfehlung aus der Gattung ist eindeutig der noch wenig bekannte südeuropäische Schraders Weißdorn *(C. schraderiana)*. Seine vollreifen Früchte haben ein sehr angenehmes, einzigartiges Aroma. In der Literatur wird auch der Weißdorn *C. arnoldiana* wegen seines guten Geschmacks empfohlen. Unsere Erfahrung ist jedoch, dass er im norddeutschen Klima nicht trägt. Wohlschmeckende Arten sind *C. mollis*, *C. ellwangerana* und wegen der Größe *C. pinnatifida* var. *major*.

Winterhärtezone: ab 6

Merkmale: Essbare, 2 cm große, sehr wohlschmeckende Früchte. 6 m hoher Großstrauch.

Kultur: Schraders Weißdorn braucht einen sonnigen Standort für einen guten Fruchtansatz, sonst ist er nicht wählerisch. Er kommt sowohl mit eher trockenem als auch mit eher feuchterem Standort zurecht, nur Staunässe verträgt er nicht.

Vermehrung: Die Vermehrung über Samen ist langwierig. Die Samen brauchen ca. 18 Monate zum Keimen – dabei sollten sie vor Mäusen geschützt werden. Häufig werden Weißdorne auf Unterlagen aus der gleichen Gattung vermehrt.

Dattelpflaumen oder Kaki (*Diospyros* spp.)

Wissenswertes: Es gibt einige Arten aus der Kaki-Gattung, die gute Kandidaten für den Waldgarten sind. Kaki-Bäume in Mitteleuropa? Überhaupt kein Problem! Wenn man sich mit dem kleinsten Bruder aus der Gattung zufriedengibt. Die Lotuspflaume *(D. lotus)* ist winterhart und völlig unkompliziert, dafür sind ihre Früchte mit 1 cm ziemlich klein. Die Früchte werden in der absoluten Vollreife gegessen, dann haben sie einen fast tropischen Geschmack. Kurz davor lernen die Ungeduldigen das Wort «adstringierend» kennen, ein scheußlicher Geschmack, wobei sich der Mund zusammenzieht.

Ziemlich winterhart ist auch die pflaumengroße Amerikanische Persimone *(D. virginiana)*, allerdings sind einige Veredelungen bei uns im Essgarten immer eingegangen, man könnte es mit Sämlingen probieren und kleinere Früchte in Kauf nehmen. Bessere Erfahrungen haben wir mit den Hybriden von Kakipflaume und Amerikanischer Persimone gemacht. Empfehlenswert ist z. B. die Sorte 'Nikitas Gift', die schon einige Winter überstanden hat und regelmäßig gute Ernten bringt. In dieser Hybride sind die Eigenschaften der Japanischen Kaki (süßer Geschmack ohne Bitterkeit) mit den Eigenschaften der Amerikanischen Kaki (Winterhärte) kombiniert. Sie ist nicht selbstbefruchtend, setzt aber problemlos reichlich Früchte ohne Samen an. Wenn weitere Kakibäume in der Nachbarschaft stehen, kommt es zur Befruchtung und die Früchte enthalten Samen. Die Japanische Kaki *(D. kaki)* wurde in zwei Richtungen kultiviert: Einerseits gibt es bitterstofffreie Veredelungen, die aber sehr viel Wärme brauchen; andererseits findet man einige Sorten, die erst bei Vollreife genießbar sind, dafür aber auch mit kühleren Standorten zurechtkommen.

Eine Kaki-Frucht der Sorte 'Nikitas Gift'

Winterhärtezone: *D. lotus* bis Zone 5; *D. virginiana* bis Zone 5; *D. kaki* bis Zone (7) 8

Merkmale: Essbare reife (!) Früchte, sonst adstringierend. Zweihäusig. Weibliche Pflanzen setzen manchmal Früchte ohne Samen an. Größe: *D. lotus* bis 9 m; *D. virginiana* 20 m; *D. kaki* bis 12 m.

Kultur: Brauchen eher geschützten, sonnigen Standort, der nicht zu nass und zu sauer ist. Ein warmer Standort sichert die Reifung der Früchte und härtet die neuen Triebe ab. Winterschutz in der Jugend ist empfehlenswert, vor allem bei der Kakipflaume.

Vermehrung: Die Lotuspflaume ist zweihäusig, daher werden ein männliches und ein weibliches Exemplar zur Samenbildung gebraucht.

Korallen-Ölweide *(Elaeagnus umbellata)*

Die Frucht der Reichblütigen Ölweide

Wissenswertes: Einer unserer Favoriten. Der Strauch bringt schnell eine reiche Tracht, die Ernte ist einfach und schnell, da ein Großteil der Blätter bereits kurz vor der Ernte fällt. Die reifen süßsauren Beeren sind ein Genuss. Außerdem können sie eingefroren werden. Wir geben sie dann gefroren zum Salat oder in andere Gerichte. Zusätzlich kommt der Strauch mit mageren Böden zurecht und verbessert auch noch den Boden!

In den ersten Jahren haben die Vögel die Früchte ignoriert, mittlerweile machen sie dem Waldgärtner aber Konkurrenz. Abhilfe schafft vielleicht die Sorte 'Amber' mit ihren gelben Früchten, die man in Ruhe ernten kann, da die Vögel eher auf rote Früchte geeicht sind. Bis sie auch das gelernt haben ...

Im Handel sind viele Veredelungen mit vielversprechenden Namen. Wir haben sie alle gepflanzt, meinen aber, dass die Urform ausreichend Potenzial hat, denn die wohlbenannten Sorten haben kaum größere Früchte oder nennenswert bessere Erträge. Größere und früher reifende Früchte trägt die Reichblütige Ölweide *(E. multiflora)*.

Winterhärtezone: ab 3

Merkmale: Essbare Früchte und essbare Samen. 4–5 m hoher Strauch.

Kultur: Kalkhaltige Böden sollten gemieden werden. Bevorzugt einigermaßen gute Böden, kommt aber auch mit mageren, trockenen Standorten zurecht. Exponierte Lagen stören diese Pionierpflanze nicht.

Vermehrung: Die Samen sollten 3–4 Monate stratifiziert werden. Die Vermehrung über Stecklinge ist relativ unproblematisch.

Die Früchte der Korallen-Ölweide

Feige *(Ficus carica)*

Eine mächtige Feige, geschützt an der Südseite des Hauses

Wissenswertes: Die Feige ist bei steigenden Temperaturen ein Kandidat mit Potenzial. Die heißen Sommer von 2018 und 2019 brachten vielen Feigenbesitzern eine reichliche Ernte.

In wärmeren Gegenden, wie in Spanien und Portugal, kann der Feigenbaum bis zu dreimal im Jahr tragen, in kälteren Regionen freut man sich darüber, wenn die Früchte überhaupt ausreifen. Hierzu wird ein milder Winter gebraucht, denn die nadelkopfgroßen Früchte werden bereits im Oktober angesetzt und erfrieren bei unter –5 °C. Folgt ein warmer Sommer, reifen die Früchte aus. Eine wärmespeichernde Umgebung wirkt natürlich als Katalysator für die Reifung.

In kühleren Jahren, wenn der Feigenbaum keine Früchte trägt, können seine Blätter in der Küche als «Wickel» beim Grillen oder Garen verwendet werden. Die eingewickelten Speisen gewinnen hierdurch ein Aroma, das an die indische Küche erinnert.

Außerdem kann mit dem Saft der Feige experimentiert werden. Nur wenige Tropfen lassen Milch käsen! Im Netz findet man ausreichend Information zu diesem Thema.

Es ist ratsam, Ausschau nach Feigen-Arten zu halten, die auch bei niedrigeren Sommertemperaturen reifen, gleichzeitig aber ausreichend winterhart sind. Angepriesen werden z. B. 'Brown Turkey' und 'Madeleine de deux Saisons', die beide in wärmeren Jahren sogar zweimal tragen können.

Winterhärtezone: ab 7

Merkmale: Essbare Früchte. Langsam wachsender, bis 6 m hoher Baum. Auch die jungen Blätter können gegessen werden.

Kultur: Benötigt (wind-)geschützten, trockenen Standort. Eine nach Süden ausgerichtete Wand ist ideal, um die im Herbst angesetzten Fruchtansätze möglichst durch den Winter zu bringen. Der Boden sollte nicht zu nährstoffreich sein, damit das Holz im Sommer ausreichend aushärtet. Anhand des Abstands zwischen den Blättern kann man das überprüfen: Kleiner als 15 cm ist optimal, größere Abstände sind ein Zeichen für zu nährstoffreichen Boden.

Etablierte Pflanzen können durch schweren Frost komplett geschädigt werden, treiben in der Regel aber aus der Wurzel wieder aus.

Vermehrung: Die Samen kann man direkt aussäen und nur minimal mit Erde bedecken. Wichtig ist, dass sie nicht austrocknen. Ganz schnell zeigen sich dann bereits die kleinen Pflänzchen, die man früh pikieren muss.

Die Vermehrung über Winterstecklinge ist unproblematisch. Hierbei werden bis zu 1 m lange Stecklinge senkrecht in die Erde eingegraben, sodass nur 10–20 cm über der Erde herausgucken. Die Erfolgsquote ist hoch und der Steckling hat viel «Basispower», um durchstarten zu können.

Feigenfrucht

Amerikanische Gleditschie *(Gleditsia triacanthos)*

Eine über 20 cm lange Schote der Amerikanischen Gleditschie

Wissenswertes: Fühlt dieser Baum sich wohl, fängt er bereits nach einigen Jahren an, seine langen Schoten zu bilden. Orientiert man sich an seinem natürlichen Vorkommen im Südosten der USA, lernt man, dass er hohe Sommertemperaturen zum Fruchten braucht. Ursprünglich wurden dort die Samenschoten als Mastfutter für Tiere benutzt, also kann der Einsatz einer Gleditschie extra interessant sein, wenn ein Waldgarten mit Tieren geplant wird.

Spezielle Züchtungen bilden größere Schoten, die viel Zucker enthalten. Diese sind als Zuckerersatz begehrt und man kann z. B. auch Bier aus ihnen brauen.

Bislang ist es uns nicht gelungen, eine dauerhaft stabile Ernte zu bekommen. Manchmal ist es frustrierend, vernachlässigte Straßenbäume in Innenstädten zu sehen, die aber reichlich tragen. Möglicherweise priorisiert der Baum sein Wachstum, wenn die Erde gut ist, und kümmert sich erst danach um den Nachwuchs, wie es häufig der Fall ist. Erst in Stresssituationen geht er direkt zur Samenbildung über.

Wenn Schoten erwünscht sind, sollte darauf geachtet werden, als Pflanzmaterial Samen zu verwenden, denn die Gleditschie kann zweihäusig sein. Bekannt ist, dass stecklingsvermehrte Pflanzen selten oder nie Früchte tragen, wie z. B. die Sorte 'Sunburst'.

Sind große Schoten mit hohem Zuckergehalt (bis zu 20 %) gewünscht, kommt u. a. die Sorte 'Milwood' in Frage. Unter optimalen Bedingungen kann dann pro erwachsenen Baum mit einer Durchschnittsernte von 10–15 kg Samen gerechnet werden. Auch der Sorte 'Calhoun' werden große Früchte und reiche Ernte zugeschrieben.

Winterhärtezone: ab 3

Merkmale: Essbare, 8 mm große Samen und gekochte junge Schoten. 20 m hoher Baum.

Kultur: Ihr natürlicher Standort kann vom nährstoffreichen Flussufer bis zum trockenen, steinigen Hügel reichen, er sollte aber sonnig sein.

Vermehrung: Die Samen sollten in warmem Wasser eingeweicht werden. Erst wenn sie aufgequollen sind, werden sie ausgesät. Eine weitere Möglichkeit besteht darin, die Samenschale mit einer Feile zu bearbeiten. Dabei muss man vorsichtig sein, um das Innere nicht zu schädigen.

Kaukasischer Rankspinat *(Hablitzia tamnoides)*

Die jungen Triebe des Rankspinats

Wissenswertes: Eine Kletterpflanze, die momentan die Welt erobert! Sie ist bisher ein relativ unbekanntes Gemüse, das für den Waldgarten neu entdeckt werden möchte. Spinat als Kletterpflanze! Schnell wachsend und ertragreich! Eine etablierte Pflanze kann bis zu 50 Triebe liefern! Ursprünglich kommt sie aus dem Kaukasus und gelangte von dort aus vor über 100 Jahren nach Schweden, Norwegen und Finnland – als rankende Zierpflanze wegen ihrer zarten, gelbgrünen Blüten.

Ihr natürlicher Standort ist unter Laubbäumen. Im Frühling wächst sie so rasant, dass ihre vielen Schösslinge innerhalb des Monats April bis zu dreimal geerntet werden können! So sorgt sie für eine frühe, ertragreiche Ernte im Waldgarten.

Über das Jahr erreicht die Pflanze eine Höhe von 2–3 m und stirbt im Winter oberirdisch völlig ab, um im folgenden Jahr erneut auszutreiben. Die Blätter und jungen Triebe werden in der Küche verwendet, roh oder gedünstet.

Winterhärtezone: ab 6

Merkmale: Blätter und junge Triebe sind essbar. Bis 3 m hohe Kletterpflanze.

Kultur: Bevorzugt halbschattigen Standort und lockeren Boden. Staunässe oder verdichtete Böden sollten gemieden werden, da sie in ihrer Heimat auch auf lockerem Waldboden wächst. Ein Rankgerüst ist hilfreich.

Vermehrung: Ist gut über Samen zu vermehren und keimt bereits bei niedrigen Temperaturen. Es sollte darauf geachtet werden, dass intensive Spätfröste die jungen Pflänzchen nicht schädigen. Einfacher ist eine Teilung der Pflanze im Winter.

Taglilien (*Hemerocallis* spp.)

Die begehrten Blütenknospen der Taglilie

Wissenswertes: Die Taglilie erfüllt den Traum eines jeden Waldgärtners: pflegeleicht, wunderschön und lecker! Die Taglilie liefert bereits im frühen Frühling gutes Gemüse, wenn sonst kaum etwas Grünes zu ernten ist. Hierzulande nimmt man das frische Grün und verwendet es wie Spinat. Man sollte sie aber nicht kiloweise verspeisen, denn die Literatur berichtet über halluzinierende Wirkungen. Das haben wir allerdings noch nie erlebt.

In Asien werden Taglilien im großen Stil für Speisezwecke angebaut: für die sogenannten *Golden needles*, die getrockneten Blütenknospen. Die Sortenauswahl ist riesig. Wir empfehlen z. B. die wüchsigen, gelbroten Taglilien-Sorten *Hemerocallis fulva* 'Kwanzo' und 'Flore pleno'. Denn für eine reiche Ernte müssen wir rasch größere Bestände aufbauen. Andere Sorten haben vielleicht wunderschöne Blüten, sind aber dafür kaum als wüchsig zu bezeichnen.

Weiter empfehlenswert sind die früh blühende Zitronen-Taglilie *(H. citrina)*, die Wiesen-Taglilie *(H. lilioasphodelus)*, die Kleine Taglilie *(H. minor)* und die Wild-Taglilie *(H. middendorffii)*.

Winterhärtezone: ab 4

Merkmale: Essbare Blüten, Knospen, Blätter (jung gekocht) und junge Wurzeln. Bis 60 cm hohe ausdauernde Staude.

Kultur: Die jungen Bestände müssen sich gegenüber anderen Pflanzen behaupten. Ältere, etablierte Stauden kommen fast gänzlich ohne Pflege aus. Die Wurzelballen können ab und zu geteilt werden, um die Erntemasse zu vermehren und die Kraft und Blühwilligkeit zu fördern.

Sie sind sehr einfach in der Kultur. Solange sie einen sonnigen bis leicht schattigen Standort bekommen, gedeihen sie selbst auf mageren Standorten.

Vermehrung: Am einfachsten ist wohl die Teilung der Wurzelballen. Aussäen im Frühling ist möglich, vielleicht entsteht dabei durch Zufall eine besondere Variante. Die jungen Pflänzchen sollten ein Jahr geschützt aufwachsen und dann ausgewildert werden.

Funkien (*Hosta* spp.)

Funkienblätter im Erntestadium

Wissenswertes: Wiederum eine bekannte Unbekannte. Sie steht in fast jedem Garten und ist noch kaum für ihre Speisequalitäten berühmt, obwohl in China und Japan verschiedene Funkien bereits eine lange Tradition als Wildgemüse haben. Am besten werden die jungen Blätter kurz gedünstet. Im Essgarten ernten wir sie, wenn sie noch wie ein Trichter aufgerollt sind, und füllen sie dann mit etwas Herzhaftem. Danach kommen sie kurz in die Pfanne und fertig ist die Gemüserolle. Manche Arten sind auch zart genug, um sie roh in Salaten zu verarbeiten, z, B. die Sorte 'Big Daddy'. Die Blätter der Sorte 'Empress Wu' werden bis zu 60 cm groß. Die Staude selbst ist mit einer Höhe von 150 cm und einem Durchmesser von 200 cm auch imposant.

Einige andere empfehlenswerte Arten sind Herbst-Funkie *(H. longipes)*, Lilien-Funkie *(H. plantaginea)*, *H. crispula*, *H. sieboldii*, *H. ventricosa* und *H. montana*.

Winterhärtezone: ab 4

Merkmale: Essbare junge Blätter, gedünstet.

Kultur: Mögen etwas Schatten und einen feuchten Standort, der nicht austrocknet. Es gilt die Regel: Je sonniger, desto feuchter sollte die Erde sein. Die Pflanze gedeiht besonders gut in leicht saurem, nährstoffreichem Boden.

Vermehrung: Am einfachsten ist die Teilung der Stauden im Winter. Vor allem, wenn die gleiche Sorte gewünscht ist. Die Vermehrung über Samen ist möglich, es besteht dann aber das Risiko, keinen sortenechten Nachwuchs zu bekommen.

Japanischer Rosinenbaum *(Hovenia dulcis)*

Die essbaren Fruchtstiele des Japanischen Rosinenbaums. Die kleine, runde Frucht ist nicht essbar.

Wissenswertes: Nicht die Früchte, sondern die verdickten Fruchtstiele werden gegessen! Sie schmecken tatsächlich nach Rosinen mit gewissem Extra: Zimt-, Karamell- und Walnussaromen werden häufig herausgeschmeckt. Getrocknet und gemahlen entsteht ein besonderes Gewürz, das zum Experimentieren in der Küche einlädt. Bevor es so weit ist, muss man sich ein wenig gedulden. Aber nach einigen Jahren fängt der Baum an zu blühen, und er wird von Abertausenden Bienen und Insekten besucht. Im Herbst setzen die kleinen Früchte an. Man kann die Fruchtstiele pflücken oder auflesen, da sie über einen langen Zeitraum herunterfallen.

Winterhärtezone: ab 6

Merkmale: Essbare reife Blütenstiele. Bis 10 m hoher Baum.

Kultur: Bevorzugt sonnigen Standort mit eher gutem Boden. Ist in der Jugend frostempfindlich und sollte entsprechend geschützt werden.

Vermehrung: Die Vermehrung über Samen ist möglich. Sie sollten stratifiziert und im frühen Frühling ausgesät werden. Auch Stecklingsvermehrung ist möglich.

Walnuss *(Juglans regia)*

Eine reife Walnuss

Die Walnuss-Gattung ist variantenreich und es gibt mehrere Arten, die für den Waldgarten geeignet sind. Für kleinere Gärten empfiehlt sich z. B. die Walnuss 'Dwarf Karli'. Sie stammt aus der Ukraine und erreicht nach 20 Jahren eine Höhe von etwas über 2 m.

Winterhärtezone: ab 5

Merkmale: Essbare Nüsse und Verarbeitung der jungen Nüsse. Baumsaft. Bis 25 m hoher Baum.

Kultur: Der Standort sollte gut drainiert sein. Die Walnuss gedeiht sowohl auf leicht alkalischen als auch auf sauren Böden. Da sie eine Pfahlwurzel bildet, sollte sie nicht umgepflanzt werden oder nur mit größter Sorgfalt sehr tief ausgegraben werden, um die Wurzeln nicht zu schädigen.

Vermehrung: Die Nüsse kann man (geschützt vor kleinen Räubern) direkt in die Erde stecken oder im Kühlschrank in leicht feuchtem Sand überwintern.

Wissenswertes: Ein mächtiger Baum. Um eine Befruchtung zu sichern, sollten am besten mehrere Walnüsse gepflanzt werden. An einem Baum befinden sich männliche und weibliche Blüten, die oft zu unterschiedlichen Zeiten blühen. Bekannt ist, dass der Walnussbaum gewisse Stoffe produziert, die das Wachstum anderer Pflanzen hemmen können, vor allem das von Apfelbäumen, Pinien, Tomaten und Kartoffeln, meint die Fachliteratur. Jedenfalls ist die Walnuss für einige Pflanzen nicht der optimale Nachbar, und das sollte man bei der Planung bedenken. Es gibt eine enorme Auswahl an Walnuss-Sorten. Einige Qualitätsmerkmale werden im Kapitel über die Sortenkunde beschrieben (siehe Seite 127).

Neben dem üblichen Verzehr der Nüsse wird die Verwendung von jungen Nüssen immer beliebter. Diese werden im Juni mit Haut und Haar als «schwarze Nüsse» eingelegt oder dienen als Basisgewürz von «Vin de Noix», einer Weinmixtur.

Ernte der jungen Walnüsse zur Weiterverarbeitung

Honigbeere (*Lonicera caerulea* var. *kamtschatica*)

Honigbeeren

Wissenswertes: In der Gattung Heckenkirschen *(Lonicera)* gibt es sowohl giftige als auch wohlschmeckende Arten. Die Honigbeere ist eine der ersten Pflanzen im Jahr, die im Waldgarten Früchte bildet. Der Blüte im April folgen schnell die blauen süßen Beeren, die schon im Mai zur Reife kommen können.

Sie ist zwar auch in Amerika vertreten, kommt aber wahrscheinlich ursprünglich aus Sibirien: Kamtschatka. Auf jeden Fall zeigt sie eindeutig ihre Herkunft: Länder mit kurzem Sommer. Daher werden die Beeren im Eiltempo gebildet, damit der Nachwuchs gesichert ist.

Seit Neuestem werden viele osteuropäische/russische Sorten angeboten. Geschmacklich sind alle Sorten nach unserer Meinung von ähnlicher Qualität. Manche Sorten haben etwas größere Früchte, reifen etwas früher oder sind etwas ergiebiger im Ertrag. Persönlich haben wir keine schlechteren Ergebnisse mit der «wilden» Form erzielt. Ein paar Sorten enthalten etwas mehr Fruchtzucker und sind damit beliebter für den Frischverzehr, wie z. B. die russische Züchtung mit dem liebevollen Namen '1-17-59'. Auch zu empfehlen ist die süße Sorte 'Leningradsky Velikan'.

Winterhärtezone: ab 3

Merkmale: Essbare, früh reifende Früchte. 1,5–2 m hoher Strauch.

Kultur: Ein feuchter, sonniger Standort ist gefragt. Verträgt etwas Schatten, setzt dann aber deutlich weniger Früchte an. Der Ertrag steigt erheblich, wenn zwei verschiedene Sorten angepflanzt werden. An einem guten Standort kann jeder Strauch bis zu 2,5 kg Früchte tragen.

Vermehrung: Die Vermehrung über Stecklinge ist relativ einfach.

Die früh reifende Honigbeere

Straußenfarn oder Trichterfarn *(Matteuccia struthiopteris)*

Die *Fiddleheads*: junge essbare Triebe des Straußenfarns

Wissenswertes: Der Straußenfarn ist einer der wenigen Farne mit nachgewiesener Speisequalität. Er liebt, was nur wenige Pflanzen mögen: Dauernässe und Schatten. Perfekt für den Waldgarten als Unterpflanzung. Mit seinen Wurzelausläufern breitet er sich aus und setzt sich gegenüber anderen Pflanzen durch.

Auf mehreren Kontinenten gilt er als gefragtes Wildgemüse, vor allem in den USA ist die Nachfrage groß. Die Ernte wird dort auf 1000 t pro Jahr geschätzt. Was in Europa als Festgemüse der Spargel ist, sind in den USA die kleinen, noch aufgerollten Farntriebe. *Fiddleheads* werden sie genannt. Sammler hüten ihre Sammelstellen wie die Steinpilzsammler in Europa.

Zufallsfarn

Die viel gepriesene Sorte 'Jumbo' soll bis zu 2 m groß werden. Also bestellten wir ein Exemplar – und wurden enttäuscht. Es wurde nicht größer als die anderen Farne. Hatten wir nur ein normales Exemplar mit einem vielversprechenden Etikett bekommen?
Wir experimentierten weiter und die Pflanze lehrte uns beispielhaft, wie das Prinzip der Spezialisten bei Pflanzen funktioniert: Auf 150 m haben wir eine Reihe normale Straußenfarne mit jeweils 75 cm Abstand gepflanzt. Eigentlich die gleichen Standortbedingungen für jede Pflanze, also auch gleichmäßiges Wachstum? Pustekuchen! Während mickrige Setzlinge auf einigen Abschnitten ums Überleben kämpften, wucherten 3 m weiter ihre Verwandten fröhlich vor sich hin.

Winterhärtezone: ab 2

Merkmale: Essbare junge Triebe. Breitet sich schnell über Wurzelausläufer aus.

Kultur: Ist problemlos in der Kultur. Liebt feuchten, nährstoffreichen, eher sauren und kalkarmen Boden. Gedeiht am besten am halb sonnigen bis schattigen Standort. Andere Farne und Himbeeren am Wuchsort sollten anfangs einmal pro Jahr entfernt werden, damit die Farne sich voll etablieren können. In einem Pflanzabstand von 50 cm etabliert der Farn sich flächendeckend und kann Jahr für Jahr geerntet werden.

Vermehrung: Die Vermehrung durch Teilung der Wurzelstöcke ist recht einfach.

Flächendeckender Straußenfarnbestand

Mispel *(Mespilus germanica)*

Mispelfrucht

Wissenswertes: Sie wird im Waldgarten mit am spätesten geerntet, je nach Standort etwas früher oder später und im norddeutschen Raum etwa Anfang Dezember. Man hat bereits versucht, diese Frucht zu vermarkten, doch der Erfolg blieb aus. Zeichen für eine (beginnende) Reife sind die sich dunkler verfärbende Schale und das Weichwerden der Frucht. Ab dann lässt sich das Fruchtfleisch ausdrücken. Genussreif ist die Mispel, wenn das Fruchtfleisch die Farbe und Konsistenz einer reifen Banane bekommt. Der Geschmack ist dann himmlisch: wie Bratapfel ohne Braten. Manche nehmen auch einen Feigen- oder Dattel-Geschmack wahr.

Der Handel bietet verschiedene großfruchtige Kultursorten an, die wir nur empfehlen können. Einige Beispiele sind: 'Bredase reus', 'Macrocarpa', 'Nottingham' und 'Russian Giant'.

Die Früchte lassen sich ohne Qualitätsverlust einfrieren.

Winterhärtezone: ab 6

Merkmale: Essbare reife Früchte, jene der Wildform sind 2,5 cm groß, von Kultursorten bis 6 cm. Bis 6 m kleiner Baum.

Kultur: Bevorzugt sonnigen, eher feuchten Standort.

Vermehrung: Die Vermehrung über Samen ist möglich, sie sollten dann 4 Monate stratifiziert werden. In der Regel wird die Mispel auf Unterlage der Quitte vermehrt.

Schwarze Maulbeere *(Morus nigra)*

Reifende Schwarze Maulbeeren

Wissenswertes: Warum gibt es keine frischen Maulbeeren im Handel, obwohl sie so gut schmecken? Der Grund ist wohl, dass Maulbeeren schlecht zu lagern sind. Außerdem reifen sie nicht auf einmal, sondern über einen Zeitraum von mehreren Wochen.

Die Ernte ist denkbar einfach: Es wird eine Plane unter dem Baum ausgebreitet, und dann werden die reifen Beeren heruntergeschüttelt.

Es gibt rote, weiße und schwarze Maulbeeren. Die weißen sind eher süß, die schwarzen haben noch mehr Aromen. Beide sind empfehlenswert.

Wir haben hervorragende Erfahrungen mit Sämlingen gemacht, wovon es zum Experimentieren mittlerweile viele Sorten im Handel gibt. Außerdem umfasst die Gattung *Morus* noch einige andere interessante Arten. Erwähnenswert sind die Arten, die auch für kleinere Gärten geeignet sind, z. B. die Zwerg-Maulbeere 'Mojo Berry' *(M. rotundiloba)* mit einer Höhe von nur 90–150 cm und einer langen Ernteperiode.

Es gibt auch besonders großfrüchtige Sorten, z. B. die Maulbeere 'Pakistan', deren Fruchtgröße mit 10 cm angegeben wird. Bei exotischen Sorten ist es wichtig zu kontrollieren, ob auch die hiesige Winterhärte gegeben ist. Nachforschen ergibt, dass die Maulbeere 'Pakistan' eigentlich eine andere Art ist: *Morus macroura* (Zone 8). Damit ist sie deutlich weniger winterhart als die Schwarze Maulbeere.

Für wärmere Standorte gibt es noch zwei interessante Vertreter der Maulbeergewächse: die Papiermaulbeere *(Broussonetia papyrifera)* und den Seidenraupenbaum *(Cudrania tricuspidata)*, wobei Erstere vor allem in mitteleuropäischem Klima zur Genussreife kommt.

Winterhärtezone: ab 5

Merkmale: Essbare, ca. 2,5 cm große Früchte. 10 m hoher Baum.

Kultur: Sollte in der Jugend Winterschutz bekommen. Liebt sonnigen, windgeschützten Standort. Je mehr Sonne, desto mehr Süße. Wächst am besten auf nährstoffreichem, feuchtem und eher leichterem Boden. Gedeiht auch noch auf trockenerem Boden.

Bambus (*Phyllostachys* spp.)

Geschälte junge Bambustriebe

Wissenswertes: Prinzipiell sind alle Bambus-Arten essbar. Manche sind etwas bitter, manche fast frei von Bitterstoffen. Gegessen werden die Triebspitzen, wenn sie im Frühling 20–30 cm hoch sind. Die äußeren Schutzblätter werden entfernt, dann wird das Innere gehobelt und gegart. Fertig sind die frischen Bambussprossen. Sie sind nicht zu vergleichen mit Konservenware! Mit etwas Aufwand kann man die Sprossen noch zarter machen: Sobald der Trieb erscheint, wird er mit Erde angehäufelt. Wenn der Trieb dann über der Erde herauswächst, wird er abgeschnitten. So werden die Bambustriebe gebleicht und bleiben sehr zart.

Es gibt je nach Art unterschiedliche Wärme- und Feuchte-Ansprüche. Die folgenden Arten werden alle 3–6 m hoch, ihre Winterhärte ist in Klammern angegeben. Empfehlenswert und gut schmeckend sind: *P. aurea* (6), *P. aureosulcata* (5), *P. dulcis* (7–8), *P. nigra* (7), *P. propinqua* (7), *P. viridiglaucescens* (6) und *P. sulphurea* var. *viridis* (6).

Wenn es heiß ist, gibt es keinen besseren Platz für eine kurze Siesta als einen ausgewachsenen Bambushain!

Merkmale: Essbare junge Triebe.

Kultur: Die größte Herausforderung ist es, den Bambus zu zähmen, da er sonst mit seinen Wurzelausläufern alles unterwandert und auch mal Pflasterflächen und Fundamente sprengt. Abhilfe schaffen Rhizomsperren, die mindestens 60 cm in die Erde und einige Zentimeter oberhalb eingegraben werden. Diese Sperre sollte jährlich kontrolliert werden, da der Bambus gerne über die Sperre hüpft und fröhlich weiterwächst. Wir sprechen aus Erfahrung! Für größere Grundstücke lohnt es sich, eine «Insel» zu definieren, auf der sich der Bambus ausbreiten darf. Um diese Insel herum wird ein Graben von 30 cm Breite und 60 cm Tiefe angelegt. Die Engländer sprechen von *Airpruning*: Sobald die Wurzeln mit der Luft in Berührung kommen, stellen sie ihr Wachstum ein. Der Graben sollte natürlich gepflegt werden.

Am besten werden mehrere Bambus-Arten gepflanzt, da jede Art in ihrem eigenen Rhythmus einmal in etwa 100 Jahren blüht und anschließend abstirbt. Das kommt, weil Bambus durch Teilung vermehrt wird und so letzten Endes alle Exemplare einer Art Klone der gleichen Mutterpflanze sind.

Bambus liebt einen sonnigen, geschützten Standort und braucht ausreichend Wasser in der Wachstumsphase.

Vermehrung: Die Vermehrung findet mittels Teilung im Frühling statt und man kann beobachten, wie sich selbst aus kleinsten Wurzelstücken bald wieder neue Bestände bilden. Fluch und Segen zugleich!

Fuki, Japanische Pestwurz *(Petasites japonicus)*

Fuki-Blüte im Erntestadium

Wissenswertes: Eine definitive Empfehlung aus Japan. Ihre großen Blätter werden in Japan als provisorische Regenschirme benutzt. Die Japanische Pestwurz bildet in feucht-schattiger Umgebung flächendeckende, pflegefreie Kolonien, die außerdem sehr imposant und dekorativ aussehen. Die Verwandte der Gewöhnlichen Pestwurz liefert nach Sellerie schmeckende Stängel. Bei der Zubereitung sollten sie erst gekocht und dann geschält werden. In Japan werden sie traditionell danach noch einmal in Sesamöl angebraten. Markant sind ihre Blütenknospen, die bereits im Februar erscheinen. Sie werden gerne in Teig (Tempura) getaucht und frittiert. Die Unterart *Petasites japonicus* subsp. *giganteus* mit längeren Stängeln (bis 1,5 m) ist besonders empfehlenswert.

Winterhärtezone: ab 4

Merkmale: Essbare Blüten und Stängel. Bis 1,5 m hohe Staude.

Kultur: Fuki ist problemlos zu kultivieren. Breitet sich dort, wo sie sich wohlfühlt, schnell aus. Der Pflanzabstand ist ca. 1 m. Auf zu trockenem Standort braucht sie Bewässerung. Fühlt sie sich «zu» wohl, breitet sie sich auch zu schnell aus: So wird sie in Dänemark als invasiv beschrieben. Da es männliche und weibliche Pflanzen gibt, meinen wir, dass bei konsequentem Ernten der Blütenstände es durchaus vertretbar ist, diese Pflanze in einen Waldgarten zu pflanzen. Durch diese extra Sicherheitsmaßnahme sind eine Versamung und Ausbreitung fast unmöglich. Abgesehen davon ist die Vermehrung durch Teilung recht einfach.

Kermesbeere *(Phytolacca americana)*

Die Früchte der Kermesbeere sollten rechtzeitig entfernt werden, damit die Pflanze sich nicht ungezügelt ausbreitet.

Wissenswertes: Sie ist ein dekoratives Ungeheuer aus Amerika. Einwanderer und Ureinwohner haben diese Pflanze über Generationen gegessen. Mit etwas Vernunft kann sie eine Bereicherung für Waldgärten sein. In einigen Regionen, darunter auch in Waldgebieten Süddeutschlands, gilt die Kermesbeere inzwischen als invasiv. Wir empfehlen kontrollierte Bestände, die im frühen Herbst gestutzt werden müssen. Somit werden keine Früchte angesetzt und ein unkontrolliertes Ausbreiten ist nicht gegeben. Dafür gibt die Kermesbeere jeden Frühling als gutes Gemüse eine reichliche Ernte. Die unzähligen jungen Triebe werden bei einer Länge von 15 cm geerntet. Liebhaber von ganz zartem Gemüse sollten versuchen, den Austrieb mit einer dicken Plane zu bleichen. Die Literatur empfiehlt, die Triebe zweimal zu kochen, um die Bitterkeit zu entfernen. Unserer Erfahrung nach ist dies nicht notwendig.

Winterhärtezone: ab 4

Merkmale: Essbare junge Blätter. Ältere Blätter sollten gemieden werden. Die Pflanze wird während der Schwangerschaft nicht empfohlen. Bis 2,5 m hohe, ausdauernde Staude.

Kultur: Setzt sich gegenüber jeglicher Art von Konkurrenz problemlos durch. Fühlt sich in durchlässigem, sandig-lehmigem, nährstoffreichem und feuchtem Boden am wohlsten.

Wir denken, dass sie sogar Potenzial als Zeigerpflanze für besonders guten Boden hat. Unsere Theorie ist, dass die Qualität der Humusschicht mit der Pflanzgröße korreliert, denn unter optimalen Umständen wird die Pflanze von Jahr zu Jahr größer. Es ist beeindruckend zu sehen, wie die Pflanze aus dem Winterschlaf erwacht und in rasantem Tempo eine Höhe von 3,5 m erreicht.

Vermehrung: Die Vermehrung geschieht recht einfach durch Teilung.

Kirschpflaume *(Prunus cerasifera)*

Die Wildform der Kirschpflaume

Wissenswertes: Eine Frucht mit einer enormen Variationsbreite im Geschmack. Die essbaren Früchte sind entweder gelb bis rot oder blauviolett und reichen von mehlig und eher trocken und fade bis süßlich, fruchtig und saftig. Wir haben eine Vielzahl ausgesät und die weniger Schmackhaften aussortiert. Empfehlenswert ist es, sich bei kleinen Grundstücken für eine Veredelung zu entscheiden.

Die Sorte 'Ruby' ist eine Hybride mit großen, dunkelroten Früchten und ebenso dunkelrotem Fruchtfleisch. Sie hat ein süßes Eigenaroma und der Baum dunkles, rotbraunes Laub.

Ähnliches bietet die Sorte 'Hollywood', auch 'Trailblazer' genannt. Nicht empfehlenswert ist allerdings die Blutpflaume 'Nigra', wenn Früchte gewünscht sind. Zwar hat diese Sorte einen hohen Zierwert, trägt aber selten oder nie Früchte.

Winterhärtezone: ab 4

Merkmale: Essbare Früchte, essbare Kerne (zu bittere Kerne sollten wegen zu hohem Blausäuregehalt gemieden werden). Bis 9 m hoher Baum.

Kultur: Eher anspruchslos, bevorzugt aber einen nährstoffreichen, tiefgründigen und nicht zu trockenen Boden. Auch Sonne ist wünschenswert.

Vermehrung: Die Vermehrung findet über die Kerne statt. Die Kultursorten werden veredelt oder durch Stecklinge vermehrt.

Die wohlschmeckende Hybride 'Hollywood'

Nashi-Birne *(Pyrus pyrifolia)*

Eine gut schmeckende Nashi

Wissenswertes: Kaum eine Frucht hat einen so ungerecht schlechten Ruf. Denn eigentlich bietet die Nashi-Birne kaum Nachteile: Sie ist überwiegend krankheitsfrei, trägt zuverlässig und schmeckt hervorragend.

Als einzigen Nachteil kann man nennen, dass sie dazu neigt, zu viele Früchte anzusetzen. Wir empfehlen, sich die Mühe zu machen und den Fruchtansatz per Hand zu reduzieren. Die Belohnung sind größere Früchte.

Ihren Vorteil verrät eine andere geläufige Bezeichnung: Apfelbirne. Denn sie schmeckt birnenartig, während ihre Struktur apfelähnlich ist. Damit bekommt der Salat einen besonderen Kick, ohne matschig zu werden.

Absolut empfehlenswert sind die Sorten 'Kosui' (süße Früchte mit leichtem Champagner-Geschmack) und 'Nijisseiki' (süßsäuerlich und aromatisch, sehr saftig). Bei der Sortenwahl ist die Devise: Erst beim Gärtner probieren und dann kaufen!

Winterhärtezone: ab 6

Merkmale: Essbare Früchte. Bis 5 m hoher Baum.

Kultur: Braucht nährstoffreichen, tiefgründigen und nicht zu trockenen Boden, wobei sie Kalk eher meidet. Ein sonniger Standort gibt süßere Früchte.

Vermehrung: Man kann sie über Samen vermehren, dann sind die Pflänzchen aber nicht sortenecht. Die Kultursorten werden veredelt.

Eichen (*Quercus* spp.)

Keimende Eichel der Stein-Eiche

Wissenswertes: Alle Eicheln sind essbar, viele sind aber bitter – das sind gerade die Stoffe, die dem Whiskey seine besondere Note geben: Tannine. Diese Bitterstoffe müssen entfernt werden, was eine mühsame Aufgabe ist. Man kann zum Beispiel die Eicheln zerkleinern und in Wasser einweichen, dann werden die Bitterstoffe ausgeschwemmt. Auch können die zerkleinerten Eicheln ihre Bitterkeit durch Rösten verlieren. Eine weitere Methode ist, die Eicheln (vor Mäusen geschützt) einzugraben. Kurz vor der Keimung im Frühling haben sie dann die meisten Bitterstoffe verloren.

Für die bequemeren Gärtner mit viel Geduld gibt es Eichen mit süßen, (fast) bitterstofffreien Eicheln. Wir haben die beste Erfahrung mit der Stein-Eiche gemacht. Davon haben wir mehrere gepflanzt und bereits nach 10 Jahren fingen sie an, die ersten Früchte zu tragen, während die anderen Arten (bei empfohlener Winterhärte) nach 25 Jahren noch nicht tragen. Geschmacklich ist die Stein-Eiche *(Q. ilex)* der Stiel-Eiche *(Q. robur)* überlegen: deutlich weniger Bitterstoffe.

Hier einige Arten mit wenig Bitterstoffen, die Winterhärte steht in Klammern: *Q. alba* (4), *Q. bicolor* (5), *Q. ilex* (7), *Q. macrocarpa* (7), *Q. muehlenbergii* (7), *Q. palustris* (6), *Q. robur* (4), *Q. stellata* (6).

Merkmale: Essbare Früchte. Liefert perfektes Holz zur Pilzzucht. Große, bis 30 m hohe Bäume.

Kultur: Eichen sind Tiefwurzler und sollten nicht umgepflanzt werden.

Vermehrung: Die Vermehrung findet über Samen, also die Eicheln statt. Sie werden direkt ausgesät, sollten aber vor Räubern geschützt werden. Zu bedenken ist, dass selbst gesammelte Eicheln häufig Hybride sein können. Sortenechte Eichen gewinnt man am besten über Stecklinge.

Rosen (*Rosa* spp.)

Die Rose hat essbare Blütenblätter.

Wissenswertes: Rosen geben dem Waldgarten ein ganz besonderes Flair, denn nicht nur die vielen verschiedenen Farbtupfer beleben das Erscheinungsbild, auch ihre Düfte sind sehr angenehm.

Im Orient ist es Teil der Kultur, Rosen wegen ihrer Düfte zu züchten. Interessant ist: Wie die Rosen riechen, so schmecken sie auch. Die Verarbeitung zu Sirup ist im Handumdrehen geschehen. Rosensirup ist lange haltbar und kann vielseitig beim Kochen verwendet werden. Alle Rosenblüten sind übrigens essbar. Frische Rosenblütenblätter kann man bis spät in den Herbst ernten und auch als Dekoration einsetzen. Selbst ein Salat ausschließlich aus Rosenblütenblättern ist empfehlenswert. Neben den Blüten sind auch die Hagebutten essbar, überraschend als Marmelade oder Sorbet, oder einfach wegen ihrer Farbe in anderen Gerichten mitgekocht. Die pelzigen Kerne werden vorher entfernt. Einige Rosen-Arten setzen vielversprechend große Hagebutten an. Zwar blüht die Mandarin-Rose (*R. moyesii* mit 6 cm großen Früchten) bei uns reichlich, einen Fruchtansatz haben wir aber noch nicht erleben dürfen. Auch die Kartoffel-Rose *(R. rugosa)* bietet gute Hagebutten, steht aber mittlerweile auf der Liste der invasiven Neophyten.

Winterhärtezone: Je nach Art. Die meisten Rosen-Arten sind im deutschsprachigen Raum ausreichend winterhart.

Merkmale: Essbare Blüten und Hagebutten. Erscheinungsform vom kleinen Gehölz bis hin zu riesigen Kletterpflanzen.

Kultur: Bevorzugen eher sonnigen Standort mit nährstoffreichem Boden. Die Pflanzen sind sehr begehrt bei Rehen und sollten entsprechend geschützt werden.

Vermehrung: Man kann sie über Samen vermehren, üblich ist bei Rosen aber die Veredelung auf Unterlagen. Stecklingsvermehrung ist auch möglich, solange es keine Edelrosen sind. Von solchen «wurzelechten Rosen» verspricht man sich eine längere Lebensdauer.

Essbare Hagebutte der Kartoffel-Rose

Prächtige Fetthenne *(Sedum spectabile)*

Essbare Blätter der Prächtigen Fetthenne

Wissenswertes: Die Fetthenne ist ein Überlebenskünstler. Als Zierpflanze ist sie vor allem für ihre verschiedenen Farbschattierungen bekannt. Sie ist eine Pflanze, die mit vielen Umständen zurechtkommt und schnell schöne Bestände bildet, die kaum Pflege benötigen. Ihren Namen verdankt sie ihren dickfleischigen Blättern, die ähnlich wie beim Kaktus als Wasserspeicher dienen. Deshalb kommt sie auch auf Standorten zurecht, die andernfalls in Trockenperioden kahl wären. Die Eigenschaften der Großen Fetthenne *(S. telephium)* und der Prächtigen Fetthenne sind identisch, Letztere ist aber etwas kälteresistenter.

Die Blätter haben einen überraschend guten Geschmack. Die meisten denken dabei an Erbsenschoten. Wir essen sie gerne als «grüne Cracker» oder mischen sie dem Salat bei, allerdings werden die Blätter für einen reinen Fetthennen-Salat als ein wenig zu schleimig empfunden.

Winterhärtezone: ab 5

Merkmale: Essbare Blätter. Bis 60 cm hohe Pflanze.

Kultur: Wächst in Sonne oder Halbschatten, überlebt aber auch an weniger geeigneten Standorten. Hauptsache keine Staunässe.

Vermehrung: Die Vermehrung über Stecklinge ist denkbar einfach. Die Triebspitzen werden im Frühling einfach in die Erde gedrückt. Selbst wenn man sich gar nicht kümmert, entsteht fast immer spielerisch eine neue Pflanze. Sogar Blätter reichen als Steckling aus. Die Teilung der Stauden im Frühling ist unkompliziert.

Gemeine *Pimpernuss (Staphylea pinnata)*

Die Fruchtkapseln der Gemeinen Pimpernuss

Wissenswertes: Ein einheimisches, aber selten gewordenes, geschütztes Gehölz. Die dekorativen Blasenfrüchte enthalten eine kleine, 1 cm große Nuss. Bildlich stelle ich es gerne spaßeshalber so dar: Die Nüsse werden unreif gegessen, solange sie noch die Farbe eines Kinder-Gebisses haben. Dann schmecken sie wie Zuckererbsen. Ändert sich die Farbe zum Opa-Gebiss, sollte bis zur Vollreife im Herbst gewartet werden. Dann findet man nach dem Knacken der Schale eine kleine, grüne Frucht, die an Pistazien erinnert. In Bayern wird ein anregender Likör aus den gerösteten Nüssen hergestellt. Weniger empfehlenswert ist die Amerikanische Pimpernuss *(S. trifoliata)*: Ihre Nüsschen ähneln homöopathischen Kügelchen. Eine «Überraschung» ist aber die Kolchische Pimpernuss *(S. colchica)*, sie hat sehr wohlschmeckende Blüten, die in Georgien in Salzwasser eingelegt werden.

Winterhärtezone: ab 6

Merkmale: Essbare Nüsse. Bis 5 m hoher Strauch.

Kultur: Wächst in Sonne oder Halbschatten, bevorzugt aber eine neutrale bis leicht schattige Ecke im Waldgarten.

Vermehrung: Die Vermehrung über Samen ist etwas mühsam und langwierig, da die Keimung bis zu 18 Monate dauert. In dieser Zeit sollte sie vor kleinen Räubern geschützt werden. Am einfachsten ist das Abstechen von Seitentrieben, die manchmal im Winter produziert werden.

Die reifen Nüsschen der Gemeinen Pimpernuss

Linden (*Tilia* spp.)

Wissenswertes: So gewöhnlich und doch so spektakulär: Die Linde gilt als unverzichtbar im Waldgarten, denn sie liefert genau das, was wir uns immer wünschen: eine Dauerernte. Ihre neutral schmeckenden Blätter dienen als Basisgemüse – die jungen Blätter als Salat, die etwas älteren als Kochgemüse; junge Blüten können als Tee verwendet werden. Weiterhin kann der Baum angezapft und sein Saft verwendet werden.

Die Linde lässt sich problemlos klein halten und bietet dann saisonübergreifend junge Blätter. Immer wieder wird berichtet, dass von den gemahlenen jungen Fruchtansätzen und Blüten eine Art Schokolade hergestellt werden könne. Gerne hätten wir das Rezept, denn unsere Versuche haben nach allem geschmeckt, nur nicht lecker und sicherlich nicht nach Schokolade.

Verschiedene Linden sind geeignet und im Handel erhältlich, z. B. Sommer-Linde (*T. platyphyllos*); Winter-Linde *(T. cordata)*; Holländische Linde *(T. europaea)*; Mongolische Linde *(T. mongolica)*; Silber-Linde *(T. tomentosa)*.

Immer wieder werden wir gefragt, welche Linde denn am besten schmeckt. Die Antwort ist leicht: Alle schmecken gleich «nach nichts». Auf Dauer ist das aber eine gute Eigenschaft, denn die Gewürze entscheiden über den Geschmack. Deshalb kann die Linde Jahr für Jahr kiloweise verarbeitet werden, ohne langweilig zu werden.

Winterhärtezone: ab 3

Merkmale: Essbare junge Blätter, Blüten als Tee. Baumsaft. Schnell wachsender Baum. Höhe bis 30 m oder gestutzt.

Kultur: Anspruchsloser Baum, der im Waldgarten sogar fast als Stumpf gehalten werden kann. Beispielhaft ist ein uns bekannter 80-jähriger Baum: Aus statischen Gründen musste er leider bis auf 1 m heruntergeschnitten werden, bildet aber über Jahre massenhaft junge frische Blätter, vom Frühling bis spät in den Herbst. Und es gibt noch eine angenehme Überraschung: Die Schnittfläche gibt eine Angriffsfläche für Pilze, die wir im Waldgarten natürlich gleich nutzen.

Samen sollten 12 Wochen stratifiziert werden, lange gelagerte Samen keimen schwer. Je frischer die Samen, desto höher die Erfolgsquote. Die Aufzucht ist problemlos. Wenn eine spezielle Sorte gesucht wird, sollte streng auf die Herkunft der Samen geschaut werden, da die Linde sich gerne mit anderen Arten der Gattung kreuzt und Bastarde produziert.

Lindenblätter

Surenbaum, Chinesischer Gemüsebaum *(Cedrela sinensis, Toona sinensis)*

Die Triebe des Surenbaums

Wissenswertes: Der Baum wird in China wegen seiner begehrten jungen Triebe kommerziell angebaut. Gerade am chinesischen Neujahr ist diese Delikatesse gefragt – mitten im Winter! Im Süden Chinas werden sie deshalb auch in Foliengewächshäusern angebaut. Unter seinem ursprünglichen Namen Surenbaum war dieses «Highlight» des Waldgartens kaum zu vermarkten, und so hat sich der Handel mal wieder erfinderisch gezeigt. Neuer Name, neues Glück: Maggibaum oder Chinesischer Gemüsebaum. Mittlerweile erobert die Delikatesse aus China auch den europäischen Garten und das nicht ohne Grund. Die jungen Blätter und Triebe bereichern fast alle herzhaften Gerichte mit einem runden Geschmack: umami. Grob gesagt kann durch die leicht nach Knoblauch und Zwiebeln schmeckenden Blätter dieses Baumes das ersetzt werden, was sonst das verpönte Glutamat bewirkt.

Die Sorte 'Flamingo' mit ihren rosafarbenen jungen Blättern wird wegen ihrer noch schmackhafteren Blätter gelobt. Hier warten wir noch immer auf einen guten Fruchtansatz, um auch die Samen verwenden zu können, denn die jungen Keimlinge gelten als wahre Leckerbissen. Möglicherweise ist unser Sommer hierfür nicht warm genug.

Winterhärtezone: ab 5

Merkmale: Essbare junge Triebe. Schnell wachsender Baum. Höhe bis 20 m oder auf 2 m gestutzt.

Kultur: Anspruchslos, kniffelig ist nur seine Jugend. Dann ist er frostempfindlich und sollte in den ersten Jahren geschützt werden. In kommerziellen Anlagen wird er auf 1,5–2 m gestutzt, dann treibt er bis in den Herbst junge Triebe. Außerdem bildet er Wurzelausläufer, die auch auf 1,5 m gestutzt werden. Platzbedarf pro Bäumchen sind ca. 2 m^2, dann können jeweils ca. 500 g Gemüse geerntet werden. Auch kann man den Baum erst wachsen lassen und dann nach dem ersten Austrieb die Hälfte der jungen Triebe ernten. Sie lassen sich gut blanchieren, portionieren und einfrieren.

Vermehrung: Die Vermehrung ist durch Wurzelschösslinge und Wurzelstecklinge recht einfach. Samen sollten 16 Wochen stratifiziert werden. Die Aufzucht ist problemlos.

Kultur-Heidelbeere *(Vaccinium corymbosum)*

Kultur-Heidelbeeren

Wissenswertes: Mittlerweile gibt es überall in Nordeuropa Plantagen mit der Kultur-Heidelbeere. Gewöhnlich wird sie über Vögel verbreitet und fühlt sich gerade in Moorgebieten besonders wohl.

Dort muss sie aber immer wieder entfernt werden, damit die Moorgebiete ihren typischen Charakter behalten. Wenn also viele Pflanzen für den Waldgarten gewünscht sind, könnte man eventuell mal nachfragen, ob da nicht eine Win-win-Situation zustande kommen kann: kostenlose Entfernung für kostenlose Pflanzen.

Die Kultur-Heidelbeere wächst auf extremeren Standorten, die sauer und (sehr) feucht sind. Wir haben sogar einige mit den Füßen im Wasser stehende Exemplare beobachtet. Sie sind den heimischen Waldheidelbeeren vielleicht nicht in der Qualität, darüber kann man sich streiten, sicherlich aber in der Quantität überlegen. Die Ernte geht auch wesentlich schneller.

Es gibt verschiedene Sorten mit deutlich größeren Früchten. Es lohnt sich, verschiedene zu pflanzen, um einen besseren Ertrag zu erzielen. Eine gute Kombination sind z. B. 'Bluecrop' und 'Goldtraube'. Letztere ist wegen ihrer langen Blühphase bekannt.

Ein weiteres Ziel kann sein, frische Früchte über eine längere Phase ernten zu können. Empfehlenswert hierfür sind die Sorten 'Patriot', die bereits ab Mitte Juli trägt, und 'Elisabeth', die bis Mitte September Früchte liefert. Wer mal eine farbliche Abwechslung braucht, kann die 'Pink Blueberry' mit ihren rosa Früchten pflanzen.

Winterhärtezone: 3

Merkmale: Essbare Früchte. Bis 2 m hoher Strauch.

Kultur: Braucht einen sauren (pH 4,5–6), feuchten und sonnigen Standort. Der Nährstoffbedarf ist gering.

Vermehrung: Das Abstechen von Wurzelschösslingen im Spätherbst oder Frühling ist einfach und unkompliziert.

Wein *(Vitis vinifera)*

Reichlicher Besatz mit blauen Trauben

Wissenswertes: Die Weinanbaugrenze verschiebt sich Schritt für Schritt in Richtung Norden. Während in Südfrankreich traditionelle Weinanbaugebiete wegen Überwärmung aufgegeben werden, entstehen in Norddeutschland neue kommerzielle Anlagen. Eine Weinanlage in den Niederlanden hat sogar internationale Preise gewonnen.

Bei der Auswahl der Weinsorte ist nach unserer Erfahrung am wichtigsten, welches Ziel man anstrebt. Sollte der Wein eine Terrasse schattieren, ist es ratsam, nach einer Sorte zu suchen, die vielleicht spät reift. Besonders die Anziehungskraft auf Wespen sollte kalkuliert werden. Klug ist es daher, wenn die Reife erst dann eintritt, wenn der Wespenbestand sich bereits deutlich reduziert hat. Nach jahrelangem Suchen hat sich bei uns eine alte Methode mal wieder gelohnt: kommunizieren. Denn ein Kollege und Hobbygärtner erzählte uns von seiner «Supertraube»: Ein Wein, der Terrassen schattieren kann, herrliche Früchte trägt und erst dann reift, wenn der Wespenbestand sich minimiert hat. Es handelt sich beim nicht etikettierten Geschenk wahrscheinlich um die Sorte 'Isabella', eine amerikanische Hybride aus *Vitis labrusca* × *Vitis vinifera*: eine Tafeltraube mit eindeutiger Erdbeernote; moschusartig, erdig und süßlich.

Eine sorgfältige Überlegung gilt nicht nur in Bezug auf die Früchte. Nicht uninteressant ist auch, welche Sorte gute Blätter gibt. Denn Weinblätter gelten in Südosteuropa und in der Türkei als normales Gemüse. Überdimensional große Blätter bis über 25 cm liefert z. B. der Scharlachwein *(Vitis coignetiae)*.

Die Blüten des Weines sind auch als Gemüse zu verwenden, sowie die jungen Ranken, die roh oder gekocht gegessen werden.

Aus den Samen der Traube kann ein Öl gepresst werden.

Winterhärtezone: ab 6

Merkmale: Essbare Früchte, Blätter, Blüten und Samen. Bis 15 m schnell wachsende Kletterpflanze.

Kultur: Bevorzugt fast neutralen (pH 6,5–7), leicht feuchten und sonnigen Standort, toleriert aber auch extremere Standorte (pH 5–8). Liebt etwas Kalk.

Vermehrung: Die Vermehrung über Winterstecklinge ist relativ einfach. Zu bedenken ist, dass fast alle Weinstöcke heute auf einer geeigneten, dem Standort angepassten Unterlagsrebe stehen müssen. Das macht man, um z. B. den Fortpflanzungszyklus der Reblaus zu unterbrechen. Gerade in Weinbaugebieten sollte sorgfältig überprüft werden, ob Unterlagsreben vorausgesetzt werden.

Essbare Weinblätter *(Vitis vinifera)*

Szechuanpfeffer *(Zanthoxylum piperitum)*

Ernte des Szechuanpfeffers

Wissenswertes: Pfeffer im deutschsprachigen Raum anzubauen ist mittlerweile kein echter Geheimtipp mehr. Wir kennen 12 essbare Arten dieser Gattung *(Zanthoxylum)*, die winterhart sind. Die Übersetzung der botanischen Bezeichnung ist «Gelbholz». Ja, das Holz ist tatsächlich gelb!

Alle Arten sind gut im Geschmack. Die frischen Samenhüllen haben es in sich, während die Kerne nicht besonders aromatisch sind. Beim längeren Knabbern fängt der Mund an zu kribbeln, danach tritt Taubheit ein. Kein Wunder, dass die amerikanischen Naturvölker die Samen bei Zahnschmerzen eingesetzt haben und die Pflanze als «Zahnwehholz» bezeichnen. Beim Trocknen verliert das Gewürz seine Spitze, es bleiben aber ausreichend Aromen erhalten, um dieses einmalige Gewürz in vielen Speisen zu genießen. Weiterhin können die Blätter gegessen werden; entweder frisch oder getrocknet zur späteren Verwendung. Auch sie haben eine leicht pfefferig-aromatische Note.

Für extremere klimatische Bedingungen gibt es den winterhärtesten Pfeffer: das Zahnwehholz (*Z. americanum*: Zone 3). Größere Arten sind auch im Angebot (*Z. ailanthoides*: 15 m).

Winterhärtezone: ab 6

Merkmale: Samenhüllen als Gewürz, würzige Blätter. Eher klein bleibender Strauch (bis 2 m). Setzt schon in jungen Jahren reichlich Samen an.

Kultur: Liebt einen windgeschützten, sonnigen Platz im Waldgarten und braucht eine Umgebung ohne Staunässe. Kommt gut mit längeren trockenen Perioden zurecht.

Vermehrung: Die Vermehrung über eigene Samen ist schwierig. Diese sind meistens taub, denn der Szechuanpfeffer ist zweihäusig. Keimfähige Samen müssen 3 Monate stratifiziert werden. Eine Skarifizierung (= Einritzen der Samenhülle) wirkt in der Regel als Katalysator. Die Vermehrung über Stecklinge ist möglich; hier haben sich Wurzelstecklinge bewährt. Manchmal bilden sich im Winter Wurzelschösslinge, die abgestochen werden können.

Samen des Szechuanpfeffers

Weitere Erzeugnisse des Waldgartens

Die meisten Menschen denken nur an Nüsse und Früchte, wenn es um die Ernte im Waldgarten geht. Das stimmt nicht ganz, denn das Spektrum ist viel breiter. Folgende Erzeugnisse können in einem Waldgarten geerntet werden:

- Nüsse
- Früchte
- Blätter
- Triebe
- Hülsen
- Wurzeln
- Knollen
- Baumsaft (Manna)
- innere Rinde
- Pollen
- Nektar
- Öl
- Pilze

In diesem Kapitel werden einige Erzeugnisse besprochen und verschiedene Arten als potenzielle Kandidaten vorgeschlagen. Die Listen wären unendlich lang, wenn sie vollständig wären, denn es gibt allein schon unzählige Arten mit essbaren Blüten, die im deutschsprachigen Raum wachsen können. Wir haben uns also beschränkt.

Erstens beschreiben wir nur die mehrjährigen Arten, denn der Waldgarten ist eine Dauer- (Perma) Kultur. Also finden sich keine ein- und zweijährigen Pflanzen in unserer Auswahl.

Weiter haben wir nicht alle Erzeugnisse aufgenommen, die potenziell gegessen werden könnten. Wir haben uns auf die Möglichkeiten, die in wissenschaftlich fundierter Literatur und in renommierten Datenbanken angegeben sind, beschränkt. Wir möchten trotzdem dringend dazu raten, alle Arten, die in den Waldgarten aufgenommen werden, noch einmal in den Datenbanken auf ihre Einzelheiten hin zu überprüfen, denn es wäre unmöglich, alle Eventualitäten in diesem Buch abzudecken. Dort werden Themen beschrieben wie Verträglichkeit, Winterhärte, medizinischer Nutzen, geschmackliche Akzeptanz. Hierzu empfehlen wir die Datenbank «Plants for a Future» (pfaf.org) (siehe Seite 133).

Einige Erzeugnisse haben wir nicht weiter beschrieben:

- Pflanzenteile, die als Tee oder Kaffee-Ersatz verwendet werden.
- Öl als Erzeugnis, da die Gewinnung aufwendig ist und spezielle Maschinen und Kenntnisse erforderlich sind.
- Die innere Rinde mancher Gehölze ist eher eine Nahrungsquelle in Notsituationen, die Verwendung ist selten gefragt.
- Die Ernte von Pollen und Nektar ist entweder ein Nebenprodukt oder liegt im Bereich der Imkerei.
- Erzeugnisse, die nicht die Nahrung betreffen, wie Holz, tierische Produkte, Baumaterial, medizinische oder kosmetische Anwendungen.

Einige Arten haben wir bereits in den Pflanzenportraits ausführlich beschrieben. Tauchen sie in den nachfolgenden Listen auf, sind sie mit einem * gekennzeichnet. Der Kultivierung von Pilzen haben wir einen separaten Teil gewidmet.

Früchte

Selbstverständlich gehören Früchte zu den wichtigsten Erzeugnissen des Waldgartens. Wir lassen das übliche Obst, wie Äpfel, Birnen, Pflaumen, Johannisbeeren, Pfirsiche, Nektarinen, Aprikosen und Stachelbeeren außen vor. Über diese Arten gibt es ausreichend Literatur.

Gewöhnliche Mahonie

Einige für den Waldgarten geeignete Gehölze mit essbaren Früchten

Wissenschaftlicher Name	Deutscher Name	Bemerkungen
Acca sellowiana	Ananas-Guave	Gute Frucht für die mildesten Regionen, sonst nur im Topf
Actinidia spp.*	Kiwi	Viele verschiedene Arten bieten gute Früchte, manche essbare Blätter und Baumsaft
Akebia spp.*	Klettergurke	Mehrere Arten mit skurrilen Früchten, essbare (bittere) Blätter
Amelanchier spp.*	Felsenbirne	Viele verschiedene Arten bieten gute Früchte
Arbutus unedo	Erdbeerbaum	Gute Frucht für die mildesten Regionen, sonst in Container
Aronia spp.*	Apfelbeere	Mehrere Arten mit akzeptablen Früchten
*Asimina triloba**	Pawpaw	Sehr gute Früchte
Berberis spp.*	Berberitzen	Viele verschiedene Arten bieten gute Früchte und essbare, saure Blätter
Broussonetia papyrifera	Papiermaulbeeren	Gute Frucht, für die mildesten Regionen, sonst in Container
Celtis spp.	Zürgelbäume	Mehrere Arten mit gut schmeckenden, kleinen Beeren (wenig Fruchtfleisch)
Cephalotaxus spp.	Kopfeiben	Mehrere Arten mit skurril schmeckenden Früchten
Chaenomeles spp.*	Zierquitten	Verschiedene Arten bieten gute Früchte
Cornus spp.*	Hartriegel	Einige Arten bieten gute Früchte
Crataegomespilus spp.	Hybride aus Weißdorn und Mispel	Akzeptable Früchte
Crataegus spp.*	Weißdorne	Einige Arten bieten gute Früchte
Cydonia oblonga	Quitten	Manche Sorten erreichen Genussreife in Deutschland
Decaisnea fargesii	Blauschote	Skurrile Früchte
Diospyros spp.*	Kaki	Einige Arten bieten gute Früchte
Elaeagnus spp.*	Ölweiden	Einige Arten bieten gute Früchte
Empetrum spp.	Krähenbeeren	Geschmacklose Beeren

potenziell invasiv

Wissenschaftlicher Name	Deutscher Name	Bemerkungen
Eriobotrya japonica	Japanische Wollmispel	Gute Frucht für die mildesten Regionen, besser im Container
Fragaria spp.	Erdbeeren	Viele verschiedene Kultur- und Wildformen
Fuchsia spp.	Fuchsien	Einige robustere Arten mit essbaren Beeren
Gaultheria shallon	Shallon-Scheinbeere	Gute Beeren
Halesia carolina	Schneeglöckchenbaum	Skurrile Früchte
*Hovenia dulcis**	Japanischer Rosinenbaum	Essbare verdickte Fruchtstiele
Hippophae rhamnoides	Sanddorn	Gute Früchte, schwierige Ernte
Idesia polycarpa	Orangenkirsche	Früchte zweihäusig, Zwitter werden im Handel angeboten
*Lonicera kamtschatica**	Honigbeere	Gute, früh reifende Früchte
Lycium barbarum ✲	Gemeiner Bocksdorn	Eher als Goji-Beere bekannt, kleine rote Beeren
Mahonia aquifolium ✕	Gewöhnliche Mahonie	Früchte eher verarbeitet, z. B. als Marmelade
Malus spp.	Apfel	Viele Arten mit essbaren Früchten
*Mespilus germanica**	Mispel	Gute Früchte, viele Sorten
Morus spp.*	Maulbeeren	Verschiedene Arten, gute Früchte
Nyssa spp.	Tupelobäume	Mehrere Arten mit essbaren Früchten
Poncirus trifoliata	Bitterorange	Früchte, jedoch wenig Fruchtsaft
Prinsepia spp.	Dornkirschen	Mehrere Arten mit kleinen Früchten
Prunus spp.	Steinobstgewächse	Viele Arten, einige mit wichtigen Früchten wie: Pflaume, Kirsche, Pfirsich, Mandel, Nektarine
Pyrus spp.*	Birnen	Viele Arten mit Früchten
Ribes spp.	Johannisbeeren	Viele Arten mit Früchten
Rubus spp.	Brombeeren und Himbeeren	Viele Arten mit Früchten
Sambucus nigra	Schwarzer Holunder	Essbare Früchte, mehrere Arten in der Gattung
Schisandra chinensis	Chinesisches Spaltkörbchen	Kletterpflanze mit essbaren Früchten
Sorbus spp.	Mehlbeeren	Viele Arten mit Früchten, wie Elsbeere und Speierling

✲ potenziell invasiv ✕ ungenießbar/giftig

Wissenschaftlicher Name	Deutscher Name	Bemerkungen
Sorbopyrus spp.	Bollweiler Birne	Interessante gute Hybriden, wie z. B. 'Shipova'
Taxus baccata ✕	Gemeine Eibe	Essbare rote Samenhülle, aber Kerne und alle anderen Pflanzenteile sehr giftig!
Vaccinium spp.* ✿	Heidelbeeren	Einige Arten mit Früchten
Viburnum prunifolium ✕	Pflaumenblättriger Schneeball	Interessante Art mit nach Marzipan schmeckenden Früchte. Eine Gattung mit sehr guten, aber auch ungenießbaren Arten
Vitis spp.*	Wein	Einige Arten mit Früchten
Ziziphus jujuba	Brustbeere	Gute Früchte für warme Standorte, eher kontinentales Klima

✿ potenziell invasiv ✕ ungenießbar/giftig

Japanische Weinbeere oder Rotborstige Himbeere
(Rubus phoenicolasius)

Schwarzer Holunder

Blauschote

Blätter und Triebe

Warum Jahr für Jahr Salat kultivieren, wenn es Salatbäume, Salatsträucher und Salatstauden gibt? Diese Sichtweise überrascht viele, die sich zum ersten Mal mit dem Thema Waldgarten auseinandersetzen. Essbare junge Triebe haben wir gleich mit in unsere Liste aufgenommen.

Grundsätzlich gilt: Je jünger die Blätter geerntet werden, desto zarter der Geschmack, denn ultraviolettes Licht macht Blätter bitter. Manche Blätter schmecken gut, aber die Textur ist manchmal gewöhnungsbedürftig. Falls die Textur dennoch Widerstände auslöst, gibt es immer die Möglichkeit, kleinere Mengen in einen Smoothie zu mischen oder die Blätter ganz klein geschnitten zu verarbeiten. Mit dieser Strategie bringt man auf jeden Fall Vielfalt in seinen Speiseplan.

Stockrosen-Blätter

Einige für den Waldgarten geeignete Gehölze und Stauden mit essbaren Blättern

Wissenschaftlicher Name	Deutscher Name	Bemerkungen
Acer palmatum	Fächer-Ahorn	Gekocht, frittiert schöne Form, mäßiger Geschmack
Aegopodium podagraria	Giersch	Gutes Basisgemüse
Allium spp.	Lauch	Viele Arten mit essbaren Blättern und anderen Teilen
Ampelopsis brevipedunculata	Ussuri-Scheinrebe	Blätter gekocht essbar
Aralia spp.*	Araliengewächse	Einige Arten mit gut essbaren Blättern
Asparagus officinalis	Spargel	Essbare junge Triebe
Betula spp.	Birken	Einige Arten mit essbaren Blättern
Campanula spp.	Glockenblumen	Einige Arten mit essbaren Blättern
Chenopodium bonus-henricus	Guter Heinrich	Blätter
Clethra barbinervis	Japanische Zimterle	Gekochte junge Blätter
Duchesnea indica	Scheinerdbeere	Gekochte Blätter
Eleutherococcus sieboldianus ✕	Siebolds Fingeraralie	Essbare Blätter, weitere Arten in der Gattung mit essbaren Teilen
Fagus sylvatica	Buche	Junge Blätter
*Hablitzia tamnoides**	Kaukasischer Rankspinat	Essbare Blätter
Hibiscus syriacus	Straucheibisch	Essbare junge Blätter
Humulus lupulus	Echter Hopfen	Essbare junge (gebleichte) Triebe, sehr gut
Hydrangea spp.	Hortensien	Einige Arten mit essbaren Blättern
Hosta spp.*	Funkien	Junge Blätter
Kerria japonica	Ranunkelstrauch	Junge Blätter
Koelreuteria paniculata	Blasenesche	Junge Blätter
Lezpedeza bicolor	Zweifarbiger Buschklee	Gekochte Blätter
Maackia amurensis	Asiatisches Gelbholz	Junge Blätter
Malva spp.	Malven	Mehrere Arten mit essbaren Blättern
Oxydendron arboreum ✕	Sauerbaum	Junge saure erfrischende Blätter

✕ ungenießbar/giftig

Wissenschaftlicher Name	Deutscher Name	Bemerkungen
Polygonatum spp. ✕	Weißwurze	Einige Arten mit gut essbaren, gekochten jungen Trieben, wie z. B. *P. biflorum* (giftige Früchte)
Rumex spp.	Ampfer	Einige Arten mit guten essbaren Blättern
Sedum telephium ✕	Große Fetthenne	Knusprige Blätter mit Erbsenschoten-Geschmack. Eine Gattung mit guten, aber auch ungenießbaren Arten
Sophora japonica ✕	Japanischer Schnurbaum	Essbare junge, gekochte Blätter (giftige Früchte)
Tilia spp.*	Linden	Gut essbare Blätter
*Toona sinensis**	Surenbaum	Essbare junge Blätter/Triebe
Ulmus spp.	Ulmen	Einige Arten mit essbaren Blättern
Urtica dioica	Große Brennnessel	Essbare Blätter
Vitis spp.*	Wein	Einige Arten mit gut essbaren Blättern

✕ ungenießbar/giftig

Junge Hopfentriebe

Nüsse

Selbstverständlich liefert der Waldgarten neben der bekannten Walnuss und der Haselnuss einige weitere interessante Nüsse. Mit einigen Ausnahmen tragen Nussbäume aber erst nach mehreren Jahren. Deshalb ist es wichtig, vor dem Pflanzen zu klären, ob der favorisierte Nussbaum fernab von seinem natürlichen Standort überhaupt Früchte ansetzt und sie zur Reife bringt. Sonst hegt und pflegt man viele Jahre vergebens. Grundsätzlich ist es so, dass mehrere Bäume einen besseren Ertrag sichern, aber viele Fragen sind noch ungeklärt. Streng botanisch gesehen gehören noch nicht einmal alle Früchte der aufgelisteten Arten zu den Nüssen.

Trazel

Pinienzapfen

Einige für den Waldgarten geeignete Gehölze mit essbaren Nüssen

Wissenschaftlicher Name	Deutscher Name	Bemerkungen
Araucaria araucana	Andentanne	Gute Nüsse, trägt erst im späten Alter. Zweihäusig
Carya spp.	Hickory	Mehrere Arten und Sorten mit guten Nüssen
Castanea spp.*	Kastanien	Wenige Arten mit guten Nüssen
Chrysolepis spp.	«Chinquapin»	Seltene Pflanze mit guten Nüssen
Corylus spp.	Haseln	Mehrere Arten und Sorten mit guten Nüssen
Corylus avellana × *C. colurna*	Trazel	Kreuzung aus Gemeiner und Türkischer Hasel mit guten Nüssen
Ginkgo biloba	Gingkobaum	Zweihäusig. Geröstete Samen. Fruchtfleisch stinkt nach Buttersäure!
Juglans spp.*	Walnüsse	Mehrere Arten und Sorten mit guten Nüssen
Lithocarpus edulis		Seltene Pflanze mit Nüssen, evtl. entbittern
Pinus spp.	Kiefern	Mehrere Arten mit guten, aber kleinen Kernen
Quercus spp.*	Eichen	Manche Arten mit süßen Nüssen
*Staphylea pinnata**	Pimpernuss	Kleine Nüsse
Torreya spp.	Nusseiben	Einige Arten mit guten Nüssen
Umbellularia californica	Kalifornischer Lorbeer	Seltene Pflanze mit guten Nüssen. Geröstete Nüsse essbar
Xanthoceras sorbifolium	Gelbhorn	Seltene Pflanze mit süßen, guten Nüssen. Geröstet

Andentannen-Zapfen

Mandeln

Blüten

Viele Blüten haben kaum oder keinen Geschmack und sie werden hauptsächlich aus Dekorationsgründen gerne verwendet. Die wohl angenehmste Ausnahme ist die Duft-Rose. Es ist eine Wissenschaft für sich, was alles mit ihr kulinarisch veranstaltet werden kann.

Eine englische Tradition sind «pickled», das heißt sauer eingelegte Nahrungsmittel. Hier kann man die Arten verwenden, die eigentlich zu bitter schmecken, wie z. B. die Immergrüne Magnolie *(Magnolia grandiflora)*.

Einige für den Waldgarten geeignete Gehölze und Pflanzen mit essbaren Blüten

Wissenschaftlicher Name	Deutscher Name	Bemerkungen
Acer macrophyllum	Oregon-Ahorn	Süße gelbe Blüten
Alcea rosea	Stockrose	Blüten in verschiedenen Farben
Allium spp.	Lauch	Blüten schmecken meist nach Knoblauch
Asphodeline lutea	Gelber Affodill, Junkerlilie	Süße gelbe Blüten
Aster novae-angliae	Raublatt-Astern	Spätblüher. Blüten in verschiedenen Farben
Bunias orientalis ✵	Orientalisches Zackenschötchen	Blütenknospen gekocht
Bunium bulbocastanum	Gewöhnlicher Knollenkümmel	Blüten als Cumin-Ersatz
Camellia japonica	Kamelie	Verschiedene Farben. Gekocht
Catalpa ovata ✕	Gelber Trompetenbaum	Leicht bittere weiße Blüten
Cercis spp.	Judasbäume	Verschiedene Arten mit lila Blüten
Cynara scolymus	Artischocke	Blütenblätter
Dahlia × hortensis	Garten-Dahlie	Nicht winterhart. Verschiedene Farben
Hemerocallis spp.*	Taglilien	Alle mit guten essbaren Blüten und Knospen
Hibiscus syriacus	Straucheibisch	Verschiedene Farben
Magnolia kobus	Kobushi-Magnolie	Blüten mit leichtem Parfümgeschmack. Eine Gattung mit guten, aber auch ungenießbaren Arten
Malva spp.	Malven	Einige Arten mit essbaren Blüten
Monarda didyma	Goldmelisse, Indianernessel	Rote aromatische Blüten

✵ potenziell invasiv ✕ ungenießbar/giftig

Wissenschaftlicher Name	Deutscher Name	Bemerkungen
Passiflora spp.	Passionsblumen	Zwei einigermaßen winterharte Arten, essbare wunderschöne Blüten (*P. caerula* und *P. incarnata*)
Paulownia tomentosa ✲	Blauglockenbaum	Blaue Blüten
*Petasites japonicus**	Japanische Pestwurz	Essbare gekochte, skurrile Blüten
Prunus spp.	Steinobst	Einige Arten mit essbaren Blüten, wie z. B. Pfirsich und Nektarine
Robinia spp.	Robinien	*Robinia pseudoacacia* ✲ und *R. neomexicana* mit essbaren Blüten
Rosa spp.*	Rosen	Viele Arten mit essbaren Blüten
Sambucus nigra	Schwarzer Holunder	Essbare weiße Blüten
Staphylea colchica	Kolchische Pimpernuss	Essbare Blütenknospen
Syringa vulgaris	Gemeiner Flieder	Verschiedene Farben
Trachycarpus fortunei	Hanfpalme	Essbare weiße Blütenknospen
Viola spp.	Veilchen	Viele Arten mit essbaren Blüten
Wisteria chinensis ✗	Chinesischer Blauregen	Essbare gekochte blaue Blüten. Weitere essbare Arten
Yucca filamentosa	Fädige Palmlilie	Blüten mit leicht bitterem Geschmack, schön zum Dekorieren

✲ potenziell invasiv ✗ ungenießbar/giftig

Pfirsich

Yucca

Flieder

Hibiskus

Baumsaft

Der Saft von Bäumen ist uns allen durch den Ahornsirup wohlbekannt. Zuckerahorn-Saft *(Acer saccharum)* ist wegen seines hohen Zuckergehaltes besonders begehrt, mehr noch in vergangenen Zeiten, als jede Kalorie für das Überleben entscheidend war. Vor der Wende war in gewissen Teilen der *UdSSR* auch der Saft der Birke für viele Leute ein Teil der Basisnahrung.

Wir wollen uns nicht dem «Superfood»-Hype anschließen, aber es ist schon logisch, dass Baumsaft gut ist: Der Baum transportiert über seinen Saft kurz vor dem Winter viele wertvolle Stoffe zu den Wurzeln und holt sie im Frühling zur Kronen- und Blattbildung wieder nach oben. Wenn irgendwas Gesundes an den Blättern ist, bekommt man es im Saft in konzentrierter Form geliefert. Es empfiehlt sich, ältere Bäume ab einem Stammdurchmesser von 25 cm anzuzapfen, da junge Bäume noch Schaden nehmen könnten.

Der richtige Zeitpunkt ist der Frühling, wenn die Tage wärmer werden. Dazu bohrt man mit einem etwa dübelgroßen Bohrer vorsichtig ein Loch in die Rinde, bis Saft austritt. Das Loch sollte etwas schräg nach oben gebohrt werden, damit der Baumsaft besser herausfließen kann. Um das Abfüllen in ein Gefäß zu erleichtern, führt man ein Abflussröhrchen in das Loch ein. Nach der Ernte wird das Loch fein säuberlich mit einem Dübel verschlossen, damit der Baum sich schnell regenerieren kann.

Der frische Saft ist nur einige Tage haltbar. Kleine Portionen können eingefroren oder wie der Ahornsaft zu Sirup verarbeitet werden. Hierzu wird der Saft eingekocht, bis eine klebrige Masse übrigbleibt. Dieser Prozess kostet viel Energie und Arbeitseinsatz. Die russische Methode, Birkensaft mit hochprozentigem Alkohol zu kombinieren, wäre auch noch zu erwähnen.

Ein weiteres Erzeugnis, das zu den Baumsäften zählt, ist Manna: Saft der Manna-Esche *(Fraxinus ornus)*. Die Gewinnung ist eine sizilianische Tradition: Im Juli wird ihre Rinde angeritzt und es läuft sofort ein weißes Harz heraus. Beginnt dieses fest zu werden, wird es eingesammelt. Es gibt spezielle Vorrichtungen, die dafür sorgen, dass das Manna nicht verunreinigt wird. In der Medizin wird der weiße Saft als Abführmittel genutzt. Außerdem wird aus ihm ein Süßstoff gewonnen. Wichtig für die Mannaernte sind allerdings mediterrane Außentemperaturen, die bei uns nur selten erreicht werden. Das ursprüngliche Anbaugebiet der Manna-Esche endete etwa in Mittelitalien

Anzapfen der Birke

Einige für den Waldgarten geeignete Gehölze mit verzehrbarem Saft oder Manna

Wissenschaftlicher Name	Deutscher Name	Bemerkungen
Acer pseudoplatanus	Feld-Ahorn und weitere Ahorn-Arten	Baumsaft
Acer saccharum	Zucker-Ahorn	Baumsaft
*Actinidia arguta**	Scharfzähniger Strahlengriffel	Baumsaft
Alnus rubra	Rot-Erle	Baumsaft
Betula pendula	Hänge-Birke und weitere Birken-Arten	Baumsaft
Carya tomentosa	Spottnuss-Hickory und weitere *Carya*-Arten	Baumsaft
*Ficus carica**	Feige	Baumsaft
Fraxinus ornus	Manna-Esche	Manna
*Juglans regia**	Echte Walnuss und weitere Walnuss-Arten	Baumsaft
Larix occidentalis	Westamerikanische Lärche	Baumsaft
Liquidambar styraciflua	Amberbaum	Gummi
Platanus occidentalis	Amerikanische Platane	Baumsaft
*Tilia × europaea**	Holländische Linde und weitere Linden-Arten	Baumsaft

Wurzeln und Knollen

Obwohl Kartoffeln unser Basisgemüse sind, kommt es nur wenigen Menschen in den Sinn, dass Knollen und Wurzeln Haupterzeugnisse eines Waldgartens sein könnten. Gerade im Winter liefern sie immer wieder eine frische Ernte, wenn kaum andere Pflanzen geerntet werden können. Einige Arten sind so kräftig, dass sie kaum Pflege brauchen. Im Folgenden beschränken wir uns auf die mehrjährigen Pflanzen mit essbaren Knollen und gutem Geschmack.

Gerade in Gebieten, die mit einer zuverlässig isolierenden Schneedecke gesegnet sind, gibt es interessante Knollen aus subtropischen Gebieten. Dort finden sie die Voraussetzungen, um ohne Aufwand kultiviert zu werden. In Norddeutschland müssen wir uns hingegen die Mühe machen, ihnen ausreichend Winterschutz zu geben oder ungern: sie auszubuddeln.

Besonders hervorzuheben ist der Topinambur. Er wird als invasiv angesehen, was nicht verwunderlich ist, denn er ist sehr robust und setzt sich problemlos gegenüber der Konkurrenz durch. Außerdem gehört er nicht wesentlich zum Speiseplan von Wild. Das macht ihn sehr unkompliziert im Anbau, man muss aber eine verantwortungsvolle Strategie anwenden, um seine unkontrollierte Ausbreitung zu verhindern. Hierzu sollten die Blüten vor der Samenbildung entfernt werden. Im Winter werden die Bestände einmal gemäht, um die eventuelle Ansiedlung von Schösslingen zu verhindern. Im Handel gibt es viele Sorten. Beliebt sind vor allem die glatten, denn die meiste Arbeit macht das Reinigen der Knollen. Beim Verzehr sollte man sich allerdings ein bisschen zügeln.

Erdmandeln und Knollengurken bekommt man auch im Handel. Beide gelten als extrem invasiv. Während die Erdmandel die Äcker in den Niederlanden unsicher macht, treiben die Knollengurken in Österreich ihr Unwesen. Falls die Absicht besteht, diese Pflanzen zu kultivieren, ist größte Sorgfalt gefragt.

Yacon

Topinambur

Einige für den Waldgarten geeignete Pflanzen mit essbaren Knollen

Wissenschaftlicher Name	Deutscher Name	Bemerkungen
Anredera cordifolia	Madeirawein	Winterschutz, auch gute Blätter
Allium ursinum	Bärlauch	Und viele andere Lauch-Arten
Apios americana	Erdbirne	Gute Kletterpflanze
Bunium bulbocastanum ✵	Gewöhnlicher Knollenkümmel	Knollen roh oder gekocht
Camassia quamash	Essbare Prärielilie	Knollen am besten gekocht
Canna indica	Indisches Blumenrohr	Winterschutz notwendig
Cyperus esculentus	Erdmandel	Winterschutz notwendig
Dioscorea batatas	Chinesische Yamswurzel	Kletterpflanze mit guten Knollen
Helianthus tuberosus ✵	Topinambur	Weitere Arten aus der Gattung
Houttuynia cordata	Molchschwanz	Besonderer Eigengeschmack
Inula helenium	Echter Alant	Zum Würzen z. B. von Likören
Ipomoea batatas	Süßkartoffel	Winterschutz notwendig
Lathyrus tuberosus	Knollen-Platterbse	Süß, besser gekocht
Oxalis tuberosa	Oka, Knolliger Sauerklee	Winterschutz notwendig
Panax ginseng	Ginseng	Schwer zu kultivieren
Polymnia sonchifolia	Yacon	Winterschutz notwendig
Sagittaria sagittifolia	Echtes Pfeilkraut, Pfeilblatt	Wasserpflanze mit guten essbaren Knollen
Stachys affinis	Crosne, Knollen-Ziest	Knöllchen mit gutem Geschmack
Thladiantha dubia ✵	Knollengurke	Bittere Knollen, schmecken besser im Frühling
Tropaeolum tuberosum	Mashua, Knollige Kapuzinerkresse	Winterschutz notwendig
Ullucus tuberosus	Ullucu, Olluco	Winterschutz notwendig

✵ potenziell invasiv

Gewürze

Einige Sträucher und Bäume liefern interessante, manchmal einmalige Gewürze. Einige Bekannte haben wir auch in die Liste aufgenommen:

Blüten des Gewürzstrauchs *(Calycanthus floridus)*

Einige Gehölze und Pflanzen mit essbaren Teilen, geeignet als Gewürz

Wissenschaftlicher Name	Deutscher Name	Bemerkungen
Agastache foeniculum	Anisysop	Nach Anis schmeckende Blüten und Blätter
Allium spp.	Lauch	Viele Arten nach Knoblauch schmeckend
Aloysia citriodora (Aloysia triphylla)	Zitronenverbene	Blätter mit Zitronengeschmack. Nur in milden Regionen winterhart
Asarum canadense	Kanadische Haselwurz	Getrocknete Wurzel als Ingwer-Ersatz
Bunium bulbocastanum	Gewöhnlicher Knollen-kümmel	Samen und Blüten als Cumin-Ersatz
Calycanthus spp.	Gewürzsträucher	Rinde als Zimt-Ersatz (*C. floridus* und *C. orientalis*)
Crocus sativus	Safran	Blütengriffel als färbendes Gewürz, eher ein Gimmick, da «homöopathisch» große Ernte
Glycyrrhiza glabra	Süßholz	Wurzeln mit Lakritzgeschmack
Laurus nobilus	Lorbeer	Blätter, für die milden Regionen
Levisticum officinale	Liebstöckel	Blätter, Blüten und Samen als intensives Maggi-gewürz, auch Wurzeln
Lindera benzoin	Wohlriechender Fieber-strauch	Blätter und Früchte als angenehmes Gewürz. Zweihäusig
Magnolia virginiana	Sumpf-Magnolie	Blätter als Gewürz
Monarda spp.	Indianernessel	Einige Arten mit unterschiedlichen Aromen von Bergamotte bis Oregano
Myrica pensylvanica ✕	Amerikanischer Gagel-strauch	Blätter als aromatischer Lorbeer-Ersatz. Die Früchte werden nicht empfohlen
Myrrhis odorata	Süßdolde	Blätter und junge Früchte mit Anis-, Lakritzaroma
Origanum vulgare	Echter Dost, Oregano	Blätter als Gewürz
Orixa japonica	«Japanische Orixie»	Blätter mit Apfelsinen- und Korianderaroma
Ptelea trifoliata ✕	Kleeulme	Bittere Früchte als Hopfen-Ersatz
Rhus aromatica	Gewürz-Sumach	Früchte als Gewürz
Rumex acetosa	Wiesen-Sauerampfer	Saure Blätter. Einige andere interessante Arten in der Gattung
Sassafras albidum ✕	Fenchelholzbaum	Blätter mit zartem Fenchelaroma

✕ ungenießbar/giftig

Wissenschaftlicher Name	Deutscher Name	Bemerkungen
Satureja montana	Winter-Bohnenkraut, Berg-Bohnenkraut	Blätter mit pfefferigem Aroma. Weitere Arten in der Gattung
*Zanthoxylum piperitum**	Szechuanpfeffer	Blätter und Samenkapseln als aromatischer Pfeffer. Mehrere Arten in der Gattung
Zingiber mioga	Japanischer Ingwer	Für milde Regionen. Blätter, Wurzel und Blüten als milder Ingwer-Ersatz

Blätter des Garten-Sauerampfers *(Rumex patientia)*

Lauchzwiebel des Acker-Lauchs (*Allium ampeloprasum* var. *babingtonii*)

Früchte des Gewürz-Sumachs *(Rhus aromatica)*

Pilze im Waldgarten

Morchelzucht: Manchmal erscheint sie nur durch Glück.

Selten oder nie – die Morchel

Der kürzeste Witz im Waldgarten geht so: «Ich weiß, wie man Pilze züchtet.»
Pilzzucht ist interessant, vielseitig, ertragreich – und vor allem mysteriös. Ich selbst sammele seit 25 Jahren Pilze und oben auf meiner Wunschliste stand seit Jahren: die Morchel. Gesucht und nie gefunden. Und was passierte? Als wir einmal im Urlaub waren, entdeckte mein Schwiegervater in unserem Waldgarten eine «Morchelplantage» (so sagte er). Auf einer alten Feuerstelle, wo wir Apfeltrester zwischengelagert hatten, fanden sie die perfekte Stelle und bescherten uns eine Ernte von 4 kg. Nicht wir hatten die Pilze gesucht, sondern sie hatten uns gefunden! Beim Nachlesen, wo sich sonst spontan Rund-Morcheln ansiedelten, wurde mir einiges klar. Morcheln sind kaum planbar, und die Pilzbibel von Paul Stamets beschreibt einige extreme Fundorte. Zum Beispiel impfte ein Student zum Spaß die Asche seines Barbequegrills mit Morchelsporen. Und siehe da: Ohne sich zu kümmern, bildeten sich nach einigen Monaten die ersten jungen Exemplare. Ein unerwarteter und seltsamer Erfolg!

In einem guten Waldgarten wimmelt es von Pilzen. Sie kommen mit der Zeit von allein und beleben das Waldgrundstück. Die Pilze bereichern den Boden, kompostieren totes Holz, befallen schwache Bäume und gehen mit den Bäumen eine Zweckgemeinschaft ein.

Dabei finden die Pilzsporen über die Luft ihren Weg in den Waldgarten oder erobern vom Nachbargrundstück aus neues Gebiet. Dieser Prozess, die Besiedlung mit Pilzen, kann durch die Zugabe von gekauften Pilzmixturen beschleunigt werden. Der natürliche Verlauf kann teilweise gelenkt werden, um besonders schmackhafte oder nützliche Pilze im Waldgarten ernten zu können. Die Pilzzucht ist ein unheimlich interessantes Thema, das durchaus kompliziert werden kann, wenn man sich darin vertieft.

Die Basisprinzipien für eine gute Ernte sind aber einfach und gut umsetzbar – und dann macht Pilzzucht richtig Spaß.

Grundsätzlich gilt, dass wir den Pilzen die passende Nahrung in einer passenden Umgebung zur Verfügung stellen sollten. Im Waldgarten können drei Typen von Pilzen angelockt werden, auf die wir im Folgenden eingehen.

Mykorrhiza-Pilze

Viele Pilze leben in Symbiose mit einem Baum, die sogenannten Mykorrhizen. Davon gibt es viele verschiedene, aber wir konzentrieren uns auf die Arten, die essbare Pilze produzieren. Eine Symbiose ist wie eine gute Ehe. Da wird gegeben und genommen, sodass beide Partner im gleichen Maße voneinander profitieren. Es wird ein optimaler Nährstoffaustausch zwischen Pilz und Pflanze ermöglicht. Die Pilze unterstützen die Pflanze mit der Aufnahme von Wasser und Mineralien. Außerdem wird der Baum krankheitsresistenter und kann Trockenperioden besser überstehen. Grob gesagt, wirken Pilze also gleichzeitig als Dünger-, Medikamenten- und Wasserlieferant für den Baum. Als Dankeschön bekommen die Pilze Aufbauprodukte vom Baum, und zwar in großen Mengen. Bis zu 30 % seiner erzeugten Energie gibt der Baum an die Pilze ab. Ohne Baum können Mykorrhizen nicht überleben, und die meisten von ihnen bevorzugen gewisse Bäume und umgekehrt. Solche Partnerschaften kommen häufig in mitteleuropäischen Wäldern vor. Einige Beispiele sind in der Tabelle auf Seite 212 zu finden.

Der sicherste Weg, solche Partnerschaften im Waldgarten zu etablieren, ist der Erwerb bereits mit Pilzen geimpfter Bäumchen. Die Wissenschaft ist mittlerweile so weit, das Wurzelgeflecht von Bäumen zuverlässig mit dem Myzel von Trüffeln, Edel-Reizker und Butterpilzen zu impfen. Sofern dann auch die Umstände für den Pilz adäquat sind, besteht eine gute Chance, dass nach einigen Jahren am Fuß der Mutterpflanze zuverlässig die gewünschten Pilze wachsen. So ist es seit Kurzem auch möglich, mit der richtigen Vorbereitung und gutem Pflanzgut Trüffelanlagen zu gestalten. Dabei sollten die passenden Parameter des Bodens (pH-Wert, Struktur, Feuchtigkeit) beachtet und eventuell angepasst werden.

Die geimpften Bäumchen sollten außerdem bei einem zuverlässigen und zertifizierten Züchter erworben werden, denn Gehölze mit großen Versprechungen zu verkaufen, ist lukrativ und nicht unüblich.

Einige Beispiele von Mykorrhiza-Pilzen mit geeigneten Partnern

Wissenschaftlicher Name	Deutscher Name	Geeignete Partner
Cantharellus cibarius	Echter Pfifferling	Gewöhnliche Douglasie, Eiche
Lactarius deliciosus	Echter Reizker	Pinien, Fichte
Leccinum quercinum	Eichen-Rotkappe	Eichen
Russula spp., z. B. *R. delica, R. nigricans, R. adusta*	Täublinge (einige andere Täublinge sind ungenießbar / giftig)	Birke, auch andere Laubbäume
Tuber magnatum	Piemont-Trüffel	Laubbäume
Tuber melanosporum	Perigord-Trüffel	Birke

Eine weitere (theoretisch vielleicht nicht legale) Möglichkeit zur Etablierung von Mykorrhiza-Pilzen im Waldgarten ist das Pflanzen eines Bäumchens, z. B. einer Buche, an einem Fundort von z. B. Steinpilzen. Nach 3–5 Jahren wird dieses Bäumchen an einen geeigneten Standort im Waldgarten umgepflanzt und so hat man gute Chancen, dass das kleine Bäumchen infiziert worden ist. Als Starthilfe ist reichlich «Pflanzerde» vom alten Standort sicherlich von Vorteil. Auch hier müssen wir uns bewusst machen, dass Pilze wählerisch sind. Nicht jede Baumart ist für dieses Experiment geeignet und gute Partner entscheiden über eine gute Erfolgsquote.

Eine dritte Möglichkeit ist es, die Sporen von gesammelten (oder gekauften) essbaren Mykorrhiza-Pilzen zu verwenden. Diese werden in Wasser aufgemischt und junge, potenziell passende Sämlinge mit ihren Wurzeln in die Mischung getaucht. Auch können die Pilzsporen als Zusatz im Gießwasser für frische Anpflanzungen verwendet werden.

Natürlich können die Sporen auch direkt im Pflanzloch eingearbeitet werden oder mit der nährstoffarmen Erde der geeigneten Sämlinge vermischt werden.

Achtsames Handeln erhöht den Erfolg:

- Es sollte sehr genau überprüft werden, welche Ansprüche die Pilze bezüglich pH-Wert, Bodenfeuchte und weiterer artspezifischer Qualitätsmerkmale an den Boden haben.
- Auf intensive Bearbeitung des Bodens sollte verzichtet werden, das schädigt das Myzel.
- Eine Blätterschicht oder Bodendecker schützen das Myzel vor dem Austrocknen, nackte Erde sollte gemieden werden.
- Überfluss an Stickstoff wirkt sich negativ aus.

Holz zersetzende Pilze

Diese schnell wachsenden Pilze besiedeln entweder das Holz von Nadelbäumen und/oder Laubbäumen. Durch ihre Zersetzungsarbeit stellen sie dem Boden Nährstoffe zu Verfügung. Von solchen Pilzen gibt es viele, die Aufgabe der Waldgärtner aber ist es, den essbaren Exemplaren einen Vorsprung gegenüber den nicht essbaren zu verschaffen.

Hierzu wird geeignetes Holz mit einem essbaren Kandidaten beimpft, bevor die nicht essbare Konkurrenz das Holz besiedelt. Wiederum sind Pilze wählerisch und nicht jede Holzart ist optimal. Geeignete Partner sind in der Tabelle auf Seite 212 aufgelistet.

Wenn mehrere Holzarten in Frage kommen, kann die «Kamin-Regel» angewandt werden: Je härter das Holz, desto länger brennt es und umso länger dauert es auch, bis Pilze geerntet werden können. Weiches Holz wird schnell durchwachsen und eine reiche, aber kurze Ernte ist vorprogrammiert. Während weiches Holz 4–5 Jahre Pilze produziert, kann Hartholz bis zu 10 Jahre Pilze produzieren. Für diese Anbaumethode sind sowohl Stämme, manchmal zerkleinertes Holz oder auch Baumstümpfe geeignet.

Auf diese Weise kann man Nahrung erzeugen und gleichzeitig kostengünstig und schonend Baumstümpfe entfernen. Ein Vorteil der Stumpfkultur gegenüber der Stammkultur ist die Feuchtigkeitsfrage: Während Stämme künstlich befeuchtet werden müssen, haben Stümpfe noch eine natürliche Wasserversorgung durch ihr Wurzelsystem. Ein Nachteil der Stumpfkultur ist deren große Angriffsfläche für die Konkurrenz. Denn dort, wo die Rinde fehlt, ist kaum noch eine natürliche Abwehr vorhanden. Dies ist dann auch der Platz, wo der essbare Pilz regieren soll.

Der beste Zeitpunkt zum Impfen ist der Frühling. Es gibt einige Impfmethoden, aber die einfachste ist wohl das Impfen mit Dübeln. Diese sind im Handel erhältlich und bereits mit dem gewünschten Myzel durchwachsen. Es sollten möglichst Stämme mit wenigen Ästen und intakter Rinde gewählt werden. Das Holz sollte frisch gesägt werden und ca. 6 Wochen ruhen, bevor es beimpft wird. Diese Ruhephase dient dazu, die natürlichen Abwehrkräfte im Holz zu minimieren. Zu lange darf jetzt nicht mehr gewartet werden, denn die natürlichen Konkurrenzpilze liegen immer auf der Lauer, um das Holz zu befallen. Mit einem Bohrer, der 0,5 mm größer als der Dübel ist, wird ein Loch gebohrt und der Dübel vorsichtig mit einem Hammer ins Holz geschlagen. Anschließend wird das Loch mit Wachs (oder Ähnlichem) versiegelt, um Austrocknung zu vermeiden und Schutz gegen Insekten und andere Tiere zu bieten.

Die Erfolgsquote wird besser:

- je schattiger der Standort,
- je höher die Luftfeuchtigkeit,
- je windgeschützter das Holz,
- je sauberer gearbeitet wird.

Stämme. Der Durchmesser von Holzstämmen kann kleiner oder größer sein. Selbst Baumstämme bis 40 cm können benutzt werden. Aber je größer der Baumstammdurchmesser, desto dichter sollten die Dübel gesetzt werden. Als grobe Richtlinie: Bei einem Durchmesser von 15 cm soll der Dübelabstand 20 cm betragen, bei einem Durchmesser von 30 cm ist der Dübelabstand 10 cm.

Nach dem Impfen sollte das Holz ein Jahr horizontal und ohne Bodenkontakt gelagert werden, am besten in einer schattigen, windgeschützten Ecke. Hierdurch wird das Risiko einer Kontamination mit Konkurrenzpilzen verringert. Wichtig ist noch, dass das Holz nicht austrocknet. Eventuell kann es mit Stroh bedeckt und bei langen Trockenperioden hin und wieder gegossen werden.

Es dauert bis zu zwei Jahre, bis die Stämme durchwachsen sind. Wie schon gesagt: Je härter das Holz, desto länger dauert es. Ein Zeichen für die erfolgreiche Kolonisierung ist, wenn in der Mitte des Stammendes eine weiße Verfärbung entsteht. Anschließend werden die Stämme vertikal aufgestellt. Ist Trockenheit ein Problem, dann können sie bis zu 30 % eingegraben werden.

Flush. Ein «Flush» ist, wenn Pilzbesatz austreibt. Dies ist ein natürlicher Prozess von Kommen und Gehen und kann auch künstlich provoziert werden. Sollten zum Beispiel in ca. 14 Tagen Speisepilze benötigt werden, muss mit List und Betrug gearbeitet werden. Man täuscht dem Myzel vor, dass der richtige Zeitpunkt zum «Fruchten» gekommen ist, und dafür haben sich zwei Techniken bewährt:

Möglichkeit 1: Man wässert die Stämme, indem man sie über Nacht in kaltes Wasser legt. Dadurch wird die Feuchtigkeit erhöht. Der Pilz denkt dann: «Endlich Regen!», was der ideale Moment ist, um Nachwuchs anzusetzen, denn dafür wird Wasser gebraucht.

Möglichkeit 2: Man verprügelt die Stämme. Hierzu wird mit einem Hammer kräftig auf eines der Enden des Stammes geschlagen. Der Pilz denkt, dass der dicke Ast, in dem er sich befindet, kränkelt und nun endlich vom Mutterbaum herunterfällt. Diese Technik gehört im kommerziellen Anbau zum Standardrepertoire.

Flush: Wenn der Shiitake-Pilzbesatz austreibt.

Stümpfe. Hier wird die Schnittfläche des Stumpfes mit Dübeln besetzt, je nach Größe der Schnittfläche 25–50 Stück. Wichtig ist, reichlich Dübel dicht an der Rinde zu platzieren. Sie werden kreisförmig angeordnet, die übrigen Dübel sollten gleichmäßig über der Schnittfläche verteilt werden. Zu viel Sonne sollte gemieden werden, eventuell sollte man den Stumpf sogar schattieren, das erhöht die Erfolgschancen.

Holzschnitzel und Sägespäne. Manche Holz zersetzenden Pilze fühlen sich auch auf Holzschnitzeln und Sägespänen wohl. Optimal ist eine Mischung jeweils zur Hälfte aus Schnitzeln und Spänen.

Die besten Resultate werden mit gekauftem Impfmaterial erzielt, aber sicherlich können auch die Reste eines Stammes, der bereits durch essbare Pilze zersetzt wird, verwendet werden.

Die Impfprozedur ist relativ einfach, der beste Zeitpunkt der Frühling.

Die Holz-Span-Mischung wird als Erstes gründlich durchnässt. Danach vermischt man das krümelige zersetzte Holz oder die gekauften Sporen mit den feuchten Holzspänen. Dann wird die Masse an einem schattigen Platz im Waldgarten über die nackte Erde verteilt und erneut bewässert. Anschließend wird alles mit Pappe oder Ähnlichem zugedeckt, sodass das Myzel nicht austrocknen kann. Wenn alles gut durchwachsen ist und die ersten Pilze erscheinen, sollte dafür gesorgt werden, dass das Substrat nicht komplett austrocknet. Anschließend kann das Myzel mit neuen Holzschnitzeln gefüttert werden. Auf diese Weise kann das Pilzbeet bis zu 4 Jahre beerntet werden.

Gute Partner für Pilzzucht auf Holzschnitzeln

Wissenschaftlicher Name	Deutscher Name	Holzteile
Cyclocybe cylindracea	Südlicher Ackerling	Holz wie Weide, Ahorn, Pappel, Linde
Coprinus comatus	Schopftintling	Hartholz
Hypsizygus tessulatus	Buchenrasling	Buchen und andere Laubbäume
Lentinula edodes	Shiitake	Eiche, Hartholz
Pluteus petasatus	Seidiger Dachpilz	Laubbäume

Shiitake

Weitere Methoden. Weiterhin kann man Pilze sammeln und im «Zielholz» verreiben. Wir haben mit dem Samtfußrübling *(Flammulina velutipes)* verschiedene Erfolge verbucht. Am besten gelingt dies auf kränkelnden Bäumen und auf Bäumen mit Weichholz. Man bricht einfach einen Ast ab und reibt die Stelle gründlich mit den Pilzen ein.

Eine andere Variante ist, die Natur ihre Arbeit machen zu lassen. Ein befallener Stamm wird auf dem Grundstück platziert und der Wind transportiert die Sporen durch den Garten. Man sollte dabei die Hauptwindrichtung unbedingt berücksichtigen, damit die Sporen auch das Holz auf dem eigenen Grundstück infizieren. Holzstämme, die keine andere Verwendung mehr haben, werden windabwärts gestapelt. Auf diese Weise kann man einige Stämme zum Beispiel erfolgreich mit Seitlingen besiedeln.

Und noch eine Methode ist erfolgversprechend, gerade bei Pilzen, die nicht im Handel erhältlich sind. In einen tragenden Baumstumpf (z. B. von der Krausen Glucke bewohnt) sollten im Frühling einige Löcher gebohrt werden. Da hinein steckt man aufgerollte, feuchte Pappe und versiegelt die Löcher dann wieder. Nach einigen Wochen kommt man wieder und holt die Pappe ab. Ein gutes Zeichen ist, wenn die Pappe mit einem weißen Myzel durchwachsen ist. Dann werden Löcher im Zielstumpf gebohrt, die Pappe gut hineingedrückt und die Löcher wieder versiegelt. In fröhlicher Erwartung wird beobachtet, ob dieses Experiment funktioniert.

Erfolgreiche Impfung eines lebenden Lindenstumpfes mit Seitlingen

Derselbe Lindenstumpf im Frühling

Holz zersetzende Pilze und geeignete Holzarten

Wissenschaftlicher Name	Deutscher Name	Passende Holzart
Auricularia auricula-judae	Judasohr	Holunder, laubabwerfende Bäume
Cyclocybe cylindracea	Südlicher Ackerling	Ahorn, Pappel oder Weide
Flammulina velutipes	Samtfußrübling	Laubabwerfend, Nadelholz
Grifola frondosa	Gemeiner Klapper-schwamm	Laubabwerfend, Nadelholz
Laetiporus sulphureus	Gemeiner Schwefel-porling	Laubabwerfend, Nadelholz
Lentinula edodes	Shiitake	Laubabwerfende Bäume
Pleurotus cornucopiae	Rillstieliger Seitling	Laubabwerfende Bäume
Sparassis crispa	Krause Glucke, Fette Henne	Nadelgehölz

«Kompost liebende» Pilze

Wissenschaftlich ist dieser Name definitiv daneben, aber von vielen Pilzen weiß man noch nicht genau, wie ihr Myzel funktioniert und wie man sie zweifelsfrei züchtet. Wir haben dieser Gruppe also einige Pilze zugeordnet, die bereits erfolgreich in Waldgärten angesiedelt worden sind, obwohl manche von ihnen sich als Einzelgänger rarmachen.

Einige Pilze brauchen gewisse Umstände und dann erscheinen sie von allein, wie von Zauberhand. Die Ansiedlung im Waldgarten ist grundsätzlich relativ einfach, die Erfolgsrate jedoch nicht kalkulierbar. Denn Pilze haben ihren eigenen Sinn, und wenn ihnen etwas nicht gefällt, ist Feierabend ohne Diskussion.

Bei jedem gewünschten Pilz wird geschaut, was er zum Wachsen braucht.

Wenn die Vorbereitungen getroffen sind, werden gesammelte oder gekaufte Sporen in Wasser aufgeschwemmt und über den Zielflächen verteilt. Was für eine Freude, wenn nach einiger Zeit wieder eines der Experimente gelingt.

Weitere Pilzarten und ihre Standortansprüche

Wissenschaftlicher Name	Deutscher Name	Vorkommen
Amanita rubescens ✕	Perlpilz	Ältere Baumbestände. Leicht saure, eher feuchte Böden. Geht gerne eine Symbiose mit Fichten und Rot-Buchen ein. Gekocht verwenden!
Agaricus campestris	Wiesen-Champignon	Wiesen, Pferdekoppeln, Flächen mit gewissem Stickstoffvorkommen. Neutraler Boden
Calvatia gigantea	Riesenbovist	Gedüngte Wiesen, eher trockene Kiefernbestände und Streuobstwiesen
Macrolepiota procera	Parasol oder Riesenschirmpilz	Offene, nährstoffreiche Grasflächen, die weder zu trocken noch zu nass sind.
Morchella esculenta	Speise- oder Rund-Morchel	Liebt Holzasche und alte Streuobstwiesen

✕ ungenießbar/giftig

Wiesen-Champignon

Bodendecker und Untersaaten

Wie bereits erwähnt, werden sich im Waldgarten die natürlichen Spezialisten durch die ständigen Veränderungen der Standortbedingungen abwechseln. Greift man nicht ein, geht der Sukzessionsprozess so schnell, dass wir buchstäblich dabei zuschauen können. Je nach Arbeitseinsatz und Intensität kann man die Krautschicht ganz unterschiedlich bewirtschaften, um die Sukzession zu fördern oder zu bremsen.

Um die Krautschicht zu gestalten, gibt es drei Möglichkeiten:

Bestehende verwendbare Bestände

Häufig etablieren sich auf einem Grundstück gute essbare Pflanzen von allein, beispielsweise Brennnessel und Giersch. Der große Vorteil: Anscheinend sind sie die momentanen Spezialisten für diesen Standort und man kann für einige Jahre mit einer Dauerkultur rechnen. Erst wenn die Umstände sich ändern, werden sie durch andere Spezialisten verdrängt. Solche Bestände können tatsächlich über Jahre große Erntemengen liefern.

Einige Beispiele von möglichen bestehenden Beständen mit guter Speisequalität

Wissenschaftlicher Name	Deutscher Name	Bemerkungen
Aegopodium podagraria	Giersch	Essbare Blätter
Duchesnea indica	Indische Scheinerdbeere	Essbare Früchte und gekochte Blätter
Heracleum sphondylium	Wiesen-Bärenklau	Essbare junge Triebe
Lamium album	Weiße Taubnessel	Essbare Blätter
Malva sylvestris	Wilde Malve	Essbare Blätter und Blüten und weitere essbare Arten
Urtica dioica	Große Brennnessel	Essbare Blätter und Samen

Malve

Giersch

Giersch auf jeden Tisch!

Giersch hat in Europa einen besonders schlechten Ruf bekommen, aber in (Nach-)Kriegszeiten gab es kaum etwas anderes. «Wir mussten das essen», hat den schlechten Ruf bereits in der dritten Generation gefestigt. Dabei wird er mit dem richtigen Namen und mit unvoreingenommenem Geschmackssinn spielerisch zu einer Delikatesse. Wir haben es einer feinen Gesellschaft spaßeshalber als Pesto angeboten. Statt eines abtörnenden Namens wie «Gierschpampe» haben wir den eleganten französischen Namen «Pesto aux egipode et noisette» gewählt. Auf die Nachfrage, was man da eigentlich esse, haben wir auf die Speisekarte verwiesen.
Nicht immer und überall hat Giersch einen schlechten Ruf. Oft wird behauptet, Giersch sei als Gemüsepflanze von den Römern zum Erhalt der Truppengesundheit in unsere Breiten importiert worden. Sicher ist, dass Giersch in Korea als Gemüse in Supermärkten verkauft wird.

Mehrjährige Stauden auspflanzen

Bei dieser Möglichkeit ist es wichtig, Arten zu wählen, die eine Tendenz zum Wuchern haben und natürlich gut schmecken. Die kostengünstigste Variante ist, die Bestände selbst zu züchten. Je nach Bedarf kann das einige Jahre in Anspruch nehmen. Teurer ist es, die Bestände gleich zu kaufen.

Dabei kann man aber auch deutlich Kosten sparen: Wurzelnackte Stauden sind deutlich günstiger als getopfte Stauden und werden auch im Großhandel verkauft.

Wichtig ist es, direkt mehrere Standorte für eine Art zu wählen. Nach einer gewissen Zeit schaut man sich an, wie die Pflanzen sich an den unterschiedlichen Standorten entwickelt haben, und korrigiert vielleicht die anfänglichen Überlegungen. Eventuell entscheidet man sich für den am besten geeigneten Standort und pflanzt den Rest um. Oder die Bestände wuchern schon so stark, dass es nicht mehr nötig ist.

Wenn der Bedarf größer wird, mag es bei manchen Arten nötig sein, die Horste zu teilen. So werden die Bestände etwas dichter und ertragreicher. Solche «Inseln» einer Art wirken optisch sehr schön, sind gut zu ernten und am richtigen Standort ist die Pflege minimal.

Selbstverständlich können diese Arten auch ausgesät werden: entweder am gleichen Ort oder in Beete. Nur die Pflege ist meist sehr aufwendig und langwierig, bis die Pflanzen sich etabliert haben.

Eine interessante Technik ist die Initialpflanzung, bei der wir durchsetzungsstarke Pflanzen in das System einbringen und sich diese selbstständig vermehren lassen. Beim Planen sollte die Hauptwindrichtung mitberücksichtigt werden, damit wir der Weiterverbreitung der Pflanzen eine bestimmte Richtung geben können. So können zum Beispiel mit Bärlauch über Jahre riesige Bestände aufgebaut werden, ohne einen Finger zu rühren.

Indische Scheinerdbeere

Einige Beispiele von mehrjährigen Stauden mit guter Speisequalität

Wissenschaftlicher Name	Deutscher Name	Bemerkungen
Allium ursinum	Bärlauch	Einige geeignete Sorten
Hemerocallis spp.*	Taglilien	Einige geeignete Arten
Hosta spp.*	Funkien	Einige geeignete Arten
*Matteuccia struthiopteris**	Straußenfarn	
Mentha suaveolens	Apfel-Minze	Sehr durchsetzungsfähig
*Petasites japonicus** ✿ ×	Japanische Pestwurz	Extrem groß ist die Unterart *giganteus*
Polygonatum spp. ×	Salomonssiegel, Weißwurze	Einige geeignete Arten mit essbaren jungen Trieben (Früchte sind giftig)
Rheum spp.	Rhabarber	Einige geeignete Arten

✿ potenziell invasiv × ungenießbar/giftig

Salomonssiegel *(Polygonatum biflorum)*

Bärlauch

Mehrjährige Arten aussäen

Wenn wir einen neuen Waldgarten anlegen, werden wir nach der Pflanzung in der Regel mehr oder weniger große Flächen mit offenem Boden haben. Wir wissen aus der Sukzession, was jetzt passieren wird: Die im Boden vorhandenen Samen keimen und bilden die Ruderalvegetation. Wenn wir hier jetzt rechtzeitig mit einer Gehölzuntersaat arbeiten, die eine nicht zu hohe Krautschicht und damit eine Bodenbedeckung bildet, haben wir einen guten Bodenschutz erreicht. Der Boden verschlämmt nicht mehr bei Regen, hält besser das Wasser und ermöglicht es den Bodenlebewesen, einen guten Start hinzulegen. Wenn wir jetzt auch noch eine Mischung oder einzelne Pflanzen auswählen, die essbar sind, haben wir zwei Fliegen mit einer Klappe geschlagen.

Selbstverständlich kann auch eine Mischung verschiedener Saaten genommen werden.

Untersaat mit essbarem, einheimischem Wildgemüse

Diese Initialsaat kann nun, je nach Zeit und Wunsch, geerntet werden. Da die Fläche aber kein Gemüsebeet ist, ähnelt die Ernte eher einer optimierten Wildsammlung. Diese Technik betreiben übrigens viele Völker, die von oder mit Wildsammlungen leben: Sie optimieren den Naturstandort und fördern ganz gezielt die Ausbreitung nützlicher Pflanzen. Mit der Zeit werden sich einige Arten ohne Steuerung stärker durchsetzen.

Selbstverständlich können auch einjährige Pflanzen als Untersaat dienen, was aber deutlich mehr Arbeit macht.

Einige Beispiele von Bodendeckern zum Aussäen mit guter Speisequalität

Wissenschaftlicher Name	Deutscher Name	Bemerkungen
Alliaria petiolata	Knoblauchsrauke	Essbare junge Blätter und Blüten
Campanula persicifolia	Pfirsichblättrige Glockenblume	Essbare junge Blätter und Blüten
Fragaria vesca	Wald-Erdbeere	Früchte, Blätter als Tee
Galium odoratum	Waldmeister	Essbare junge Blätter und Blüten
Diplotaxis tenuifolia	Wilde Rauke	Essbare Blätter
Trifolium pratense	Rot-Klee, Wiesen-Klee	Essbare junge Blätter und Blüten

Waldmeister

Wilde Rauke

5

Aspekte rund um das System

Frederik Deemter

Die Bewirtschaftung eines Waldgartens besteht aus verschiedensten Aufgaben. Das Designprinzip der Permakultur «Erhalte einen Ertrag» ist hier insofern zu berücksichtigen, als dass wir keine Energie in Produkte des Systems investieren sollten, die wir (oder andere) später nicht nutzen können. Erträge sind in diesem Zusammenhang allerdings nicht immer materielle Produkte. Auch die Schönheit der Landschaft, die erhöhte Biodiversität oder die Kohlenstoffspeicherung der Gehölze sind letztendlich Produkte oder Ergebnisse, die wir durch einen Waldgarten erzielen werden. Neben Obst, Nüssen und Gemüse gibt es weitere interessante Produkte, die der Waldgarten liefert.

Langeweile wird man nicht bekommen. Die To-do-Liste kann schnell sehr lang werden, denn überall lauern interessante Experimentiermöglichkeiten.

Ein großer Kontrast: Traditionelle Ackerflächen umschließen einen Waldgarten, den Essgarten bei Harpstedt.

Geländepflege, Düngung, Wässerung

Die Pflege eines Waldgartens lässt sich nicht genau beschreiben. Jedenfalls ist es abwechslungsreich, immer einladend und selbst nach 20 Jahren nie langweilig. Denn bei einem dynamischen System ändern sich die Anforderungen automatisch. Schnell fühlt man sich zeitgleich als Dirigent, Landwirt, Arbeiter im Steinbruch und Gartenarchitekt.

Kontrolle der Pflanzungen

Gerade am Anfang ist eine regelmäßige Kontrolle des Waldgartens angesagt. Am Anfang lohnt es sich, täglich die Anlage zu kontrollieren. Denn gerade junge Pflanzen sind noch sehr empfindlich, bevor sie sich etabliert haben. Eventuelle Schäden können, falls rechtzeitig entdeckt, noch ausgeglichen werden. Immer wiederkehrende Ursachen, die zum Ausfall führen sind: Verbiss, Austrocknung und Sonnenbrand.

Im jungen Alter können die Pflanzen noch am besten erzogen werden. Müssen die jungen Pflänzchen am Baumpfahl festgebunden werden? Sollte die junge Kletterpflanze nach links oder doch lieber nach rechts gelenkt werden? Entwickelt die Pflanze sich wie gedacht oder hat sie Schwierigkeiten? Hier ist die Fehleranalyse entscheidend. Oder gibt es Schädlinge, die gerade im jungen Alter fatal sein können?

Gerade bei Pflanzen, die (noch) im Topf gezogen werden, sollte besonders auf die Versorgungslage geachtet werden. Die Töpfe werden schnell zu klein, die Wurzeln sollten sich gut entwickeln können.

Alle Veredelungen sollten regelmäßig auf Austriebe aus der Unterlage kontrolliert werden. Denn die Unterlage wächst immer kräftiger als die Veredelung. Werden die Wildtriebe nicht rechtzeitig entfernt, wird die Veredelung geschwächt. Die Wildtriebe befinden sich nicht immer am Stamm. Einige Arten, wie Pflaumen oder Quitten, werden auf Unterlagen veredelt, die sich gerne über Wurzelausläufer verbreiten. Es ist ratsam, auch diese Wildtriebe zu entfernen, denn sie gehören zur gleichen Unterlage.

Um Gehölze auf Wühlmausverbiss zu überprüfen, bewegt man die junge Anpflanzung am Stamm hin und her. Ist es plötzlich möglich, den jungen Baum leicht zu bewegen, ist das Wurzelwerk bereits durch Nager angegriffen. Wird dies rechtzeitig entdeckt, kann die junge Pflanze noch gerettet werden, indem die Erde rundherum wieder gut festgetreten wird und die Pflanze so wieder neue Wurzeln ausbilden kann.

Wir empfehlen, junge Gehölze mit Hühnerdraht oder Ähnlichem vor Wild zu schützen. Das sollte gerade im Frühling regelmäßig kontrolliert werden. Nicht selten berichten Waldgärtner, dass die Rehe sprichwörtlich randalieren. Dabei werden bis zu 2 m hohe Schutzgitter vollständig entfernt. Ungeschützt sind die Bäumchen ein beliebtes Ziel zum Fegen, also zum Reiben des jungen Geweihs an Bäumchen und Büschen.

Trick gegen Wildverbiss

Wenn alle wertvollen Pflanzen mit einem Schutzgitter ausgestattet sind, ist es hilfreich, einige Sträucher ungeschützt dazwischen zu stellen. Wir empfehlen dazu die Weide. Sie lässt sich einfach durch Stecklinge vermehren. So können die Rehe sich ausleben, und der Waldgartenbestand bleibt unbeschädigt.

Effektiver Schutz gegen das Fegen und Verbiss von Rehen ist ein Gitter aus Hühnerdraht.

Düngen und Wässern

Müssen wir einen Waldgarten düngen und wässern? Ja und nein, denn beides ist ganz wesentlich eine Frage der Erntemenge. In jeder professionellen Obstplantage werden die Bäume und Sträucher mit Wasser und Dünger versorgt, um eine möglichst große Ernte zu erhalten. Letztendlich ist es eine Frage der Möglichkeiten. Haben wir ausreichend Wasser und gibt es in unserem System eine einfache Möglichkeit der Düngerzufuhr? Notwendig ist beides nicht, es erhöht aber gegebenenfalls den Ertrag. Aber eigentlich ist ein Waldgarten ein sehr extensives Bewirtschaftungsmodell und keine Hochleistungsplantage. Gedanklich können wir dies gut mit dem Unterschied zwischen einer extensiven Weidehaltung und einem Mastbetrieb vergleichen. Außerdem ist es wesentlich leichter, eine Monokultur zu düngen, denn alle Pflanzen haben dieselben Ansprüche. Schon dies ist in einer Polykultur ganz anders.

Wenn wir düngen wollen, gehört zu einem natürlichen Standort auch eine natürliche Düngung. Dies kann durch eine Gründüngung, durch eine gute Kompostwirtschaft oder die Zufuhr von abgelagertem Mist erreicht werden. Aber wir sollten es auch nicht übertreiben. Ist der Boden sehr mager (wie im Kapitel über die unterschiedlichen Standorte beschrieben), können wir stickstoffbindende Gehölze in die Kulturen setzen, damit diese die anderen Pflanzen mit Stickstoff versorgen.

Es wird geschätzt, dass über 80 % der kleinen Grundstücke unbewusst überdüngt sind. Zu hohe Stickstoffkonzentration führt nicht zu besseren Ergebnissen, es führt zu übermäßigem Wachstum. Das Holz ist dann schwach und anfällig für Frost und Schädlinge. Langfristig sind das die Kandidaten für Windbruchschäden.

Beim Wässern der Pflanzen gibt es zwei unterschiedliche Themen. Einmal geht es darum, die Pflanzen vor dem Vertrocknen zu bewahren. Dies sehen wir aber sehr schnell an dem Zustand der Blätter. Wir sollten die Pflanze aber nicht mit Wasser verwöhnen, denn dann sucht sie sich nicht selbst den Weg mit den Wurzeln zu den feuchten Bodenschichten. Daneben ist Wasser aber auch ein entscheidendes Kriterium für die Erntemengen. Das Überleben ist die eine, die gute Fruchtausbildung die andere Sache. Grundsätzlich gilt für beide Themen: Lieber ab und zu gründlich wässern als ständig ein bisschen. Das Wasser soll in den Wurzelbereich der Bäume eindringen und nicht die Oberfläche benetzen, aus der es dann wieder verdunstet, bevor es die Wurzel erreicht.

Checkliste Wasser

- Wenig wässern fördert das Wurzelwachstum in die Tiefe.
- Regenwasser ist optimal.
- Brunnenwasser und Leitungswasser variieren in Härte.
- Eine Weißverfärbung der Erde ist ein Zeichen von zu hartem Wasser.

Geländepflege

Grundsätzlich lassen wir alle Blätter, Rasenschnitt, kleine Äste und Obst, das wir nicht brauchen, liegen. Viele Gegenargumente gehören zur Kategorie Arbeitsbeschaffungsmaßnahmen. Was liegen bleibt, nützt irgendeinem Geschöpf, ob laufend, fliegend oder kriechend.

Ein robuster Häcksler ist eine oft lohnende Investition.

Erziehung, Schnitt und Fällen

Der Waldgärtner ohne direkte kommerzielle Bestrebungen hat beim Schnitt der Gehölze einen ziemlichen Entscheidungsspielraum. Dann gilt die Hauptregel im Waldgarten: «So wenig wie möglich, so viel wie nötig.» So viel wie nötig bedeutet: Um seine Ziele zu erreichen. Sind große Äpfel für den Verkauf gewünscht, sollte mehr geschnitten werden, als wenn die Äpfel als Viehfutter dienen oder sowieso zu Saft verarbeitet werden. Dabei gibt es durchaus gute Gründe, Bäume zu schneiden:

Zuckergehalt. Von manchen Arten ist bekannt, dass der Ertrag besser wird, wenn geschnitten wurde. Bestes Beispiel ist wohl der Wein: Um die Weintraube für die Sonne frei zu stellen, um damit den Zuckergehalt in der Traube zu erhöhen. Dabei bleiben etwa 8 Blätter über der Traube stehen, die restlichen Blätter werden weggeschnitten (und gegessen). Außerdem werden neue Triebe nach dem Ansetzen der Früchte entfernt. Das dient dazu, die Energie in die Trauben und nicht in weiteres Wachstum der Pflanze zu lenken. Das Spiel mit dem Schnitt wegen der Sonne läuft in wärmeren Regionen umgekehrt: Da wird manchmal weniger geschnitten, um den Zuckergehalt zu begrenzen. Zusammengefasst kann gesagt werden: Je mehr Sonne die Früchte bekommen, desto süßer die Früchte.

Ertrag. Kiwibeeren können als normale Kletterpflanzen am Baum oder entlang einer Pergola wachsen. Wer keinen Wert auf optimalen Ertrag legt, braucht die Kiwi nicht zu bändigen. Früchte entstehen vor allem am zweijährigen Holz. Wenn die Kiwi ab und zu geschnitten wird und nicht nur in die Höhe wächst, werden mehrere Seitentriebe entstehen. Dadurch erhöht sich die Zahl der Früchte. Soll der Ertrag der Pflanzen durch Schnitt erhöht werden, verweisen wir auf Gartenbauliteratur.

Astbruch. Der Behang mit Äpfeln, Birnen, Pfirsichen usw. ist manchmal zu groß. Durch Schneiden kann daher einem Astbruch vorgebeugt werden. Das Ziel:

das Herausbilden von tragfähigen, starken und nicht zu langen Gerüstästen sowie kurzen Fruchtästen. Zusätzlich führt der fachgerechte Schnitt zu einem gleichmäßigen Ertrag Jahr für Jahr.

Zwillingswuchs. Einige Bäume bilden beim Stammwuchs Gabelungen, sogenannte Zwiesel, aus. Manche haben eine U-Form, manche eine V-Form. Die V-Form wird auch Druckzwiesel genannt: Er besteht aus zwei gleichwertigen Stämmen, die spitzwinklig auseinanderlaufen. Solche Zwiesel sind sehr bruchgefährdet. Ein riesiger Schaden für den Baum und manchmal auch für den Besitzer, wenn so ein erwachsener Druckzwiesel dicht beim Haus steht und auseinanderbricht. Das kann sehr teuer werden. Nur spezialisierte Firmen können solche Bäume später fällen, und der Erhalt ist aufwendig und teuer. Der Einbau einer Kronensicherung entspricht nicht dem Traum der meisten Waldgärtner. Im jungen Alter allerdings kann diese Fehlentwicklung durch einen einfachen Eingriff noch korrigiert werden.

Es lohnt sich, im Vorfeld zu planen, wie überflüssige Äste verwertet werden sollen: zur Pilzzucht, zur Bodenverbesserung oder als Unterschlupf für Tiere. Dort, wo wir uns bewegen, auf Pfaden und Rasenflächen, lohnt es sich, die heruntergefallenen Äste wegzuräumen. Faulheit wird da bestraft. Oft ist es sinnvoll, sich einen kleinen, robusten Häcksler anzuschaffen. Damit produzieren wir unsere eigenen Holzhäcksel. Durch die «Chop & Drop»-Methode (das, was herunterfällt, an Ort und Stelle zerkleinern) kann die Erde schnell wieder mit organischem Material angereichert werden. Die größeren Äste eignen sich zum Stapeln an schattigen Stellen und zur Besiedelung mit Pilzen. An geeigneten Stellen im Waldgarten können Benjeshecken (Totholzhecken) errichtet werden. Diese schaffen einen natürlichen Lebensraum für Vögel, Kleintiere und Insekten.

Zwillingswuchs, eine bruchgefährdete Stelle

Schädlinge, Krankheiten und Konkurrenten

Agieren oder Reagieren

Die wertvollste Strategie ist, den Pflanzen das Umfeld zu bieten, welches ihrem natürlichen Standort am nächsten kommt. Dadurch sind die Pflanzen am allerbesten gegen Schädlinge und Krankheiten gewappnet. Mit der Zeit sollte der Waldgarten ein selbstregulierendes System werden. Die Erfahrung der meisten Waldgärtner zeigt, dass Geduld sich häufig auszahlt, denn Schädlingsbefall und Krankheiten kommen und gehen häufig wie eine Wellenbewegung. Die Ausnahme, die man aber nicht einfach aussitzen darf, ist der Befall mit meldepflichtigen Krankheiten.

In der Ruhe liegt die Kraft

Unsere Erfahrung ist bislang, dass der beste Ratgeber bei Krankheiten Geduld ist. Wir haben bereits mehrere «Katastrophen» durch Nichtstun überstanden. Erdfloh-Invasionen oder Apfelwickler können dramatische Schäden hinterlassen und herbe Verluste verursachen. Oftmals tödlich für eine Monokultur – aber zu verkraften bei einem vielfältigen Bewuchs.

Konkurrenten

Ein wichtiger Aspekt im Waldgarten sind die Konkurrenten. Schnecken, Eichhörnchen, Rehe und Wühlmäuse halten die Waldgärtner auf Trab, denn eine gute, hundertprozentige biologische Lösung gibt es nicht.

Wühlmäuse. In fast jedem Garten werden wir mit diesen kleinen Tieren mehr oder weniger Probleme haben. Eine wirklich gute Strategie gibt es hier wohl nicht. Wühlmäuse lassen sich aber mit einigen Methoden meistens so weit in Schach halten, dass die Pflanzungen im Wesentlichen überleben werden.

Manchmal können es die Wühlmäuse gar nicht abwarten, bis endlich die Pflanze gesetzt wird, bei der sie die Wurzeln abfressen können.

Bei Neupflanzungen empfiehlt sich meist ein Drahtkorb, der um die Wurzeln gelegt wird. Solche Wühlmauskörbe kann man im Handel kaufen, sie bestehen aus unverzinktem Draht und sollten eine Maschenweite von 13 mm haben. Verzinkter Draht würde sich im Boden nicht auflösen und schädigt den Baum, wenn die Wurzeln mit dem Wachstum beginnen. Eine andere Möglichkeit ist es, groben Schotter (Körnung 32/45 oder 32/56) mit Erde zu vermischen und damit das Pflanzloch zu füllen. Der Baum wächst durch die Schotterschicht, die der Pflanze aber nicht schadet. Langfristig ist sicherlich eine gute Raubtierförderung am sinnvollsten. Hierzu gehören Verstecke und Unterschlupf für Mauswiesel ebenso wie Sitzstangen für Greifvögel oder Brutkästen für Eulen. Leider ist der Jagderfolg der Tiere sehr abhängig von der Bodenbeschaffenheit. Auf einem kurzen Rasen finden die Räuber ihre Beute leichter als in einer hohen Wiese. Hier gilt es, eventuell Kompromisse zu einer dichten Krautschicht zu finden. Bei größeren Systemen helfen Schafe, den Wühlmausbestand kleinzuhalten. Durch das Zutreten der Gänge werden die Wühlmäuse massiv gestört und wandern ab.

Rehe. Große Schäden können auch Rehe anrichten, die die Pflanzen auf zwei unterschiedliche Wege angehen. Einmal ist es das Abfressen des Leittriebes. Rehe fressen gerne von oben die Spitze ab, dadurch kommt der Baum nicht in die Höhe. Eine Möglichkeit ist natürlich die Einzäunung, die allerdings mindestens 2 m hoch sein muss. Helfen wird eigentlich immer ein Hund, der im Gelände unterwegs ist. Oder wir schützen die Triebspitzen, indem wir Schafwolle um die Spitze drehen. Die vielen Haare im Mund finden die Rehe ausgesprochen unattraktiv. Allerdings müssen wir diese Maßnahme regelmäßig kontrollieren. Ein weiteres Problem sind die Fegeschäden, bei denen sich die Böcke den Bast von den Hörnern fegen, um ihr Revier zu markieren und den Bast loszuwerden. Dies lässt sich durch Draht, Zweige oder handelsübliche Fegeschutz-Manschetten verhindern. In manchen Fällen sind auch Vergrämungsmittel sinnvoll. Diese wirken durch Geruch oder Geschmack und werden auf die Pflanzen aufgesprüht.

Hasen und Kaninchen. Diese können insbesondere in den Wintermonaten Schäden an den Pflanzen anrichten, indem sie die Rinde abknabbern. Hier können entsprechende Bitterstoffe, mit denen die Stämme gestrichen werden, helfen. Gute Erfahrungen haben viele Leute auch mit Haaren gemacht, entweder vom Friseur oder gekauft als Haarpellets. Der Geruch ist (auch für Rehe und Wühlmäuse) unangenehm. Immer wenn wir Tiere vertreiben wollen, sollten wir uns aber überlegen, wohin wir sie denn vertreiben können. Also lieber Einzelpflanzen einsprühen als den ganzen Garten.

Nacktschnecken. Eine Schneckenplage ist ein Drama. Gerade in feuchteren Waldgartenbereichen können sie zu einem sehr ernsten Problem werden. Zur Bekämpfung gibt es viele verschiedene Angebote. Wir im Essgarten setzen natürlich auf natürliche Fressfeinde statt auf arbeitsintensive Methoden und Gift. Passende Auftragskiller sind Igel, Kröten oder Blindschleichen, auch die Weinbergschnecke vertilgt gerne Nacktschnecken-Gelege. Weiterhin Amseln, Stare und Elstern. Putzig sind die Laufenten, die auch gerne junge Schnecken vertilgen. Auch können Hühner und Khaki-Campell-Enten eingesetzt werden.

Weinbergschnecke: natürlicher Feind der Nacktschnecken

Vögel. Wir wissen, dass Vögel durchaus lernfähig sind. Unbekannte Früchte wie die Korallenbeere stehen nicht zuoberst auf ihrem Speiseplan, sodass während der ersten Jahre eine hundertprozentige Ernte erzielt werden kann. Mit der Zeit lernen die Vögel leider, auch diese Früchte zu schätzen.

Wenn wir das Fressverhalten von Vögeln beobachten, werden wir feststellen, dass sie einen Strauch meistens dann leerfressen, wenn er an einem für die Vögel sicheren Platz steht. Jedes Tier möchte in Ruhe fressen, ohne Angst vor einem Beutegreifer haben zu müssen. So kann derselbe Strauch, wenn er in einem geschützten Dickicht steht, vollständig von den Vögeln abgeerntet sein, während ein anderer noch alle Früchte trägt, weil er deutlich exponierter steht. Hier gilt es, in der Entwicklung des Waldgartens gut zu beobachten und sehr eingewachsene Systeme entsprechend zu lichten, damit die Vögel auch uns eine ausreichende Ernte ermöglichen. Wenn wir beispielsweise die Grünflächen unter Bäumen kurzhalten und einen Ansitz für Greifvögel (eine sogenannte Jule) aufstellen, werden diese durch ihre Anwesenheit die Stare oder Amseln im Kirschbaum vorsichtig werden lassen, sodass diese nur wenige Kirschen stibitzen. Dabei sitzt der Bussard gar nicht ihretwegen dort, sondern weil er im kurzen Gras besser nach Wühlmäusen jagen kann. So können wir durch eine gute Beobachtung und ein bisschen Systemdesign einen großen Teil der Ernte bewahren.

Jule

Ernte und Konservierung

Zürgelbaum mit Früchten so groß wie Regentropfen

Ein wichtiges Thema für Waldgärtner, das in der Planung mitbedacht werden sollte, denn zwei Ressourcen werden immer knapp sein: Zeit und Tiefkühltruhen. Wir sollten uns daher bei der Pflanzplanung und der Pflanzenauswahl auch immer die Frage stellen, wie und wann die Ernte erfolgt. Wir kennen alle die Ernteschwemme des Sommers: Früchte und essbare Blätter, so weit das Auge reicht. Wenn wir aber nicht mit der Ernte hinterherkommen, nutzt der schönste Waldgarten nichts. So macht es durchaus Sinn, bei der Gehölzauswahl zu recherchieren, wann welche Früchte (und auch welche Sorten) reifen. Hier sind gerade die Sorten und Arten interessant, die außerhalb der Haupterntezeit liegen: eine ganz frühe oder eine ganz späte Pflaume zum Beispiel. Je mehr Früchte wir direkt verwenden können, weil unsere Erntesaison im Mai mit der Honigbeere beginnt und im November mit der Mispel endet, umso weniger Aufwand haben wir mit der Lagerhaltung.

Als Nächstes sollten wir uns ansehen, wie arbeitsaufwendig die Ernte einer Pflanze ist. Manche Früchte sind so klein, dass von einem kommerziellen Anbau nur geträumt werden sollte. Die Früchte des Zürgelbaums sind hierfür ein Beispiel. Wir können sie durchaus als Liebhaberpflanze im Privatgarten pflanzen, wahrscheinlich werden wir dort aber nur mal naschen und uns lieber den Pflanzen zuwenden, die leicht zu beernten sind.

Dann gibt es Arten wie z. B. den Sanddorn, bei denen man sich die Frage stellen kann: Lohnt sich der Anbau? Der Wert der Früchte ist unumstritten, doch die Ernte ist eine Qual. Da sind sich alle einig: Eine Handarbeits-Tortur, für die dringend professionelle Alternativen gebraucht werden.

Wie herrlich ist es dagegen, Bäume und Sträucher zu haben, von denen die Früchte herabfallen und man gar nichts zu machen braucht – außer vielleicht eine Plane auf den Boden zu legen, zu schütteln oder vom Boden aufzusammeln. Nüsse, Kastanien, Maulbeeren, Karamellbeeren, Kornelkirschen und Szechuanpfeffer sind prima Beispiele.

Trocknen

In Alkohol eingelegte Maulbeeren

Eingewecktes Wildgemüse

Bei größeren Obstmengen ist die Herstellung von Fruchtleder interessant (hier wurden Kirschen verarbeitet). Hierfür wird das gepresste Obst als sehr dünne Schicht auf ein feines Gitter gestrichen und dann getrocknet. Das Ergebnis erinnert optisch an Leder und ist eine sehr lange haltbare Fruchtmasse.

Jasminblüten, eingelegt in Öl

Kornelkirschen in Salzlake

Rosen-Sirup

Magnolienblüten «Pickled»

CHECK-BOX: Verschiedene Möglichkeiten zum Konservieren

Einfrieren. Diverse Arten lassen sich ohne Qualitätsverlust einfrieren. Praktisch, um sie zu einem späteren Zeitpunkt zu verarbeiten oder zu verspeisen. Beispiele sind Mispel, Nüsse und Berberitzen.

Einlegen. Die Briten sind wahre Meister im Einlegen. Es gibt viele Rezepte im Netz, mittlerweile auch für Wildobst. Der Suchbegriff «pickled» ist dabei hilfreich.

Entbittern. Durch das Einweichen in Wasser können die Bitterstoffe einiger Arten ausgeschwemmt werden. Das Wasser sollte dabei über mehrere Tage/Wochen immer wieder aufgefrischt werden. Beispiele sind Eicheln und junge, unreife Walnüsse. Eine weitere Möglichkeit ist das Einlegen von Früchten in Salzlösung. So können Oliven, unreife Kornelkirschen und Schlehen entbittert werden, bevor sie weiter konserviert werden.

Einlegen in Alkohol. Es gibt viele Rezepte, wo kleine Früchte oder Kleingeschnittenes in Hochprozentiges eingelegt werden.

Sirup. Zucker ist ein gutes Konservierungsmittel. Schöne Siruprezepte gibt es u. a. für Rosen-, Holunder- und Fliederblüten. Auch das Einkochen von Baumsäften liefert einen gut haltbaren Sirup.

Wein. Das Keltern von Wein ist eine Wissenschaft für sich. Überraschend gute Weine mit einfacher Rezeptur gibt es mit Kirschen und Brombeeren. Eine schnelle und effektive Gärung kann auch mit normaler Hefe aus dem Kühlregal erzielt werden.

Trocknen ist Alltag im Waldgarten. Interessant und schmackhaft ist die Herstellung von Fruchtleder. Einige Früchte lassen sich trocknen und zu Mehl verarbeiten. Enttäuschend ist der totale Verlust der Aromen. Im Netz findet man gute Bauanleitungen für Solarenergie-Trockner.

Saft. Saftpressen ist in vielen Waldgärten ein jährliches Ritual. Mittlerweile gibt es auch viele mobile Pressanlagen, die im Handumdrehen beachtliche Mengen verarbeiten können.

Einwecken. Die alte Tradition des Einweckens hat sich in vielen Waldgärten bewährt.

Fermentieren. Ein neuer alter Trend des Haltbarmachens ist das Fermentieren. Gerade zähes Wildgemüse kann man sich danach besser zu Gemüte führen.

Lagern. Bestimmte Obstsorten wurden extra gezüchtet, um sie gut lagern zu können. Das geht bis in den Frühling hinein.

Marmelade. Kaum ein Waldgartenbesitzer hat ein leeres Marmeladenregal!

Chutney. Eine willkommene Abwechslung als Beilage. Das Netz bietet zahllose exotische Rezepte.

Konservieren macht Spaß, aber frisch verzehrte Erzeugnisse des Waldgartens sind nicht zu toppen.

Gesundheitliche Aspekte

Biodiversität ist in aller Munde. In erster Linie geht es hier natürlich um die Vielfalt in der Landschaft. Interessant ist aber auch der Gedanke, dass es um die Variation im Magen geht.

Gesünder durch Vielfalt

Über die vielen Jahre, in denen wir uns größtenteils aus dem Waldgarten ernährt haben, ging es uns gesundheitlich außergewöhnlich gut. Mittlerweile haben wir da unsere eigene Philosophie entwickelt. Ganz einfach gesagt, ist der Körper so organisiert, dass er alles aus der Ernährung nimmt, was er braucht. Der Rest wird ausgeschieden. Vitamine und Mineralien können nicht überdosiert werden, solange man Nahrung in normaler Form und in normalen Mengen zu sich nimmt. Je variationsreicher die Nahrung, desto besser die Versorgung mit Vitaminen, Mineralien und Spurenelementen. Und selbstverständlich auch mit den Elementen, welche die Wissenschaft noch gar nicht im Blick hat. Prävention mit einem großen P. Jedenfalls kann mit einer biodiversen Ernährung aus dem Waldgarten einigen Defiziten nachhaltig vorgebeugt werden.

Ich lebe noch

In manchen Internetforen wird der Konsum von Pflanzen propagiert, die in Parks oder im Wald geerntet werden können. Ein Standardsatz, der öfters zu lesen ist, lautet: «Ist nicht giftig, denn ich habe es gegessen und lebe noch.» Solche Selbstversuche sind nicht zu empfehlen, denn von einigen Pflanzen sind kumulative Effekte bekannt. Ähnlich wie beim Rauchen: Eine Zigarette wird ja nicht schaden ... Ein bekanntes Beispiel ist der Echte Beinwell *(Symphytum officinale)*: Die Pflanze enthält kleine Mengen eines giftigen Alkaloids, je älter die Blätter, desto höher die Konzentration. Dieser Stoff wirkt sich schädlich auf die Leber aus. Gesunde Menschen müssen schon ziemlich viel Beinwell zu sich nehmen, um Probleme zu bekommen, aber Menschen mit Leberschaden sollten doch vorsichtig sein.

Aus diesem Grund empfehlen wir, vor dem Verzehr von unbekannten neuen Pflanzen und von größeren Mengen immer eine verlässliche Quelle zu konsultieren, z. B. die Datenbank «Plants for a Future» (siehe Seite 133). Dort sind alle eventuellen und bekannten Gefahren aufgelistet, denn manche Personen reagieren empfindlich oder leiden unter unbekannten (Kreuz-) Allergien. Wird die Pflanze als geeignet eingestuft, empfehlen wir trotzdem, erst kleinere Mengen zu konsumieren und sich langsam an größere Mengen heranzutasten. Auf diese Weise habe ich persönlich über tausend neue Arten kennengelernt – ohne jegliche Probleme. Insbesondere die Pflanzen, die mit ✕ markiert sind, sollten besonders genau evaluiert werden.

Literatur und Links (Auswahl)

Bezugsquellen (Auswahl)

Die Autoren

Bildnachweis

Dank

Register

Anhang

Literatur und Links (Auswahl)

Bloom, Jessi & Boehnlein, David (2024). *Praxisbuch Permakultur. Das umfassende Handbuch für nachhaltiges Gärtnern.* 2. Aufl. Haupt Verlag

Crawford, Martin (2024). *Einen Waldgarten erschaffen. Mit der Natur arbeiten, um essbare Pflanzen anzubauen.* 2. Aufl. OLV Verlag

Crawford, Martin (2012). *How to grow perennial vegetables.* Green Books

Crawford, Martin (1992–2023). *Agroforestry News* (Quarterly newsletter of the Agroforestry Research Trust). www.agroforestry.co.uk/product-category/publications/agroforestry-news/

Dirr, Michael (2009). *Manual of woody landscape plants: their identification, ornamental characteristics, culture, propagation and uses.* 6th ed. Stipes Publishing

Facciola, Stephen (1998). *Cornucopia II: a source book of edible plants.* 2nd ed. Kampong Publications

Fern, Ken (2000). *Plants for a future: edible & useful plants for a healthier world.* 2nd ed. Permanent Publications

Holmgren, David (2016). *Permakultur. Gestaltungsprinzipien für zukunftsfähige Lebensweisen.* Drachen Verlag

Kleber, Eduard W. & Gerda (2022). *Gärtnern im Biotop mit Mensch. Das praktische Permakultur- und Biogarten-Handbuch für zukunftsfähiges Leben.* 5. Aufl. OLV Verlag

Mollison, Bill (2021). *Handbuch der Permakultur-Gestaltung.* 5. Aufl. Österreichisches Institut für Angewandte Ökopädagogik, Permakultur-Akademie im Alpenraum

Stamets, Paul (2000). *Growing gourmet and medicinal mushrooms.* 3rd ed. Ten Speed Press

agroforst-info.de: Deutscher Fachverband für Agroforstwirtschaft (DeFAF)

www.buecherwinkel.de: Bücherwinkel ist eine unter anderem auf Permakultur spezialisierte Buchhandlung

www.permakultur.de: Permakultur Institut e.V. und Permakultur Akademie

Waldgärten in der Stadt

anstiftung (Hrsg.) (2018). *Urban Gardening Manifest.* https://urbangardeningmanifest.de (abgerufen 15.02.2024)

Bukowski, Catherine & Munsell, John (2018). *The community food forest handbook: how to plan, organize, and nurture edible gathering places.* Chelsea Green Publishing

Clark, Kyle H. & Nicholas, Kimberly A. (2013). «Introducing urban food forestry: a multifunctional approach to increase food security and provide ecosystem services», in: *Landscape Ecology* 28, S. 1649–1669. DOI: 10.1007/s10980-013-9903-z

Kabisch, Nadja & Haase, Dagmar (2011). «Diversifying European agglomerations: evidence of urban population trends for the 21st century», in: *Population, Space and Place* 17 (3), S. 236–253. DOI: 10.1002/psp.600

Schulz, J. & al. (2022). *Waldgärten im urbanen Raum.* Bundesamt für Naturschutz. DOI: 10.19217/skr633

Universität Potsdam (Hrsg.). *Das Projekt «Urbane Waldgärten».* www.urbane-waldgaerten.de (abgerufen 15.02.2024)

Bezugsquellen (Auswahl)

Pflanzen

achtplagennuts.nl	Walnuss-Spezialist; über 130 Nuss- und 30 Kaki-Sorten
ackerbaum.de	Gutes Sortiment, Erfahrung in Permakultur
bioland-baumschule.de	Bioland-Baumschule mit gutem (Wild-)Obstsortiment
www.dreschflegel-saatgut.de	Saatgut für Gemüse/alte Sorten
www.gaissmayer.de	Sehr gutes Bio-Staudensortiment und seltene Gemüse und Saaten
www.hortensis.de	Sehr gutes, großes Sortiment an seltenen Obstgehölzen.
www.kraeuter-und-duftpflanzen.de	Großes Sortiment an seltenen Gemüse- und Kräuterpflanzen
pfaf.org	Plants For a Future; DIE Suchmaschine und Informationsseite über Gehölznutzung/Agroforst/Waldgarten
pflanzenraritaeten.com	Großes Gehölzsortiment mit Raritäten
www.rieger-hofmann.de	Saatgut für Wildwiesen, Blumensäume usw.
www.shiitake.de	Gute Pilzbrut und Schneckenzäune

Weitere Baumschulen:
www.haeberli-beeren.ch
www.hauenstein-rafz.ch
www.koju.de
www.kornelkirsche.eu
schreiber-baum.at
shop.baumschuleritthaler.de

Mulchfolien und Mulchpapier

www.bloomling.de/andermatt-biogarten/mulchpapier
www.die-forstpflanze.de/mulchplatten/
www.saemereien.ch

Die Autoren

Volker Kranz ist Dipl. Permakultur-Designer und leitet als Geschäftsführer das Permakultur-Planungsbüro der Firma *baumrausch* in Bremen. Die Permakultur-Prinzipien in lebendige Landschaften und ästhetische Lebensräume umzusetzen, ist der rote Faden in seiner Arbeit. Seit über 30 Jahren gibt er außerdem Permakultur-Designkurse an Hochschulen und an der Permakultur-Akademie, wo er auch als Tutor für Permakultur-Studenten arbeitet.

Seine beruflichen Wurzeln beginnen mit einer Ausbildung als Baumschuler in Münster. Nach der Lehre gründete er 1984 einen der ersten ökologischen Landschaftsbaubetriebe in Deutschland. Auf der Suche nach passenden Gestaltungsmodellen lernte er wenige Jahre später die Vordenker der Permakultur in Deutschland kennen und widmet sich heute ganz der Gestaltung von Permakultur-Projekten und Waldgärten.

www.baumrausch.de

Frederik Deemter arbeitete nach seiner Ausbildung zum Physiotherapeuten an der Fachhochschule in den Niederlanden jahrelang als internationaler Dozent und Softwareentwickler. Hobbymäßig startete er 1995 auf seinem Bauernhof ohne jegliches Fachwissen einen Waldgarten. Als Autodidakt lernte er gärtnern und kochen mit den Hunderten, fast immer unbekannten Pflanzenarten. Zusammen mit seiner Frau Gisela hat er erfolgreich ein «nature food»-Restaurant in seinem Waldgarten bei Bremen betrieben.

Momentan entwickelt er einen neuen Waldgarten auf Mallorca. Hier werden ab 2022 regelmäßig Fortbildungen rund um das Thema Waldgarten gegeben, für die Gegebenheiten sowohl im deutschsprachigen als auch im mediterranen Raum, und zu weiteren zukunftsträchtigen Themen.

www.essgarten.com

Bildnachweis

Grafiken

Alle Grafiken stammen von Carolin Hüllwegen und Leonie Thiele (Büro *baumrausch*).

Fotografien

Alle unten nicht aufgeführten Fotografien stammen von **Volker Kranz** und **Frederik Deemter**.

Ute Benne: Seite 101 links unten und rechts
Volker Croy: Seite 59
Lea Kranz: Seiten 39 (beide), 56, 61, 72, 74, 92
Norbert Kranz: Seiten 29, 30, 71, 75
Shutterstock, lennystan: Seite 166
Doris Pöppel: Seite 10
Jennifer Schulz: Seiten 112, 113
Johannes Sehl: Seite 90

Dank

Dieses Buch ist natürlich nicht nur das Ergebnis von zwei begeisterten Waldgärtnern, sondern wurde mit viel Unterstützung durch Freunde und Kollegen realisiert. Insbesondere wollen wir Carolin Hüllwegen, Friederike Jebens, Lea Kranz, Leonie Thiele und Gisela Deemter für die vielen Ideen zum Konzept und der kritischen Durchsicht der Texte sowie der Erstellung der Buchgrafiken danken.
Unser Dank gilt auch Jennifer Schulz und Wolfgang Reuter, die die Gasttexte geschrieben haben, sowie Volker Croy für die Überlassung der Daten zum Lichtungsgarten.
Danke auch an die vielen Freunden aus der Permakultur-Szene, die uns mit ihrem Rat zu vielen Details sehr weitergeholfen haben.
Zuletzt bedanken wir uns bei den niederländischen Kollegen, die das 30 ha große öffentliche Waldgartenprojekt bei Amsterdam realisiert haben, für die Bereitstellung der Eckdaten.

Register